Tobias Zoporowski

Praxisratgeber
Klassikerkauf

Mercedes-Benz 190 (W 201)

Alle Modelle von 1982–1993

HEEL

IMPRESSUM

HEEL Verlag GmbH
Gut Pottscheidt
53639 Königswinter
Telefon: 02223 9230-0
Telefax: 02223 923026
Mail: info@heel-verlag.de
Internet: www.heel-verlag.de

Verantwortlich für den Inhalt: Tobias Zoporowski

Lektorat: Jost Neßhöver

Satz und Gestaltung: HEEL Verlag GmbH, Stefan Witterhold

Fotos: Tobias Zoporowski, Daimler AG, Jörg Hajt, Nenad Blagojevic, Jost Neßhöver

Druck und Verarbeitung: D+L Reichenberg GmbH, Bocholt

Printed in Germany

ISBN: 978-3-95843-421-9

Inhalt

Einleitung – „Kleine" Revolution

Mit der Einführung der Baureihe 201 – landauf, landab unabhängig von der Motorisierung schlicht „190er" genannt – betraten die Schwaben Neuland: Ein derart kompaktes Fahrzeug hatte es von Mercedes-Benz zuvor nicht gegeben. Zudem war der „Baby-Benz" – amerikanische Motorjournalisten hatten ihn so getauft – Vorbote einer neuen Formensprache „beim Daimler", weg vom barocken Chromschmuck und steil im Wind stehenden Kühlern. Stilistisch traute man sich nun durchaus Mode, verzichtete – mit Ausnahme des weiterhin chromumrahmten Kühlergrills – komplett auf glänzenden Zierrat und unterwarf die neue Fahrzeuggeneration gar konsequent den Gesetzen des Windkanals, wovon unter anderem nunmehr bündig geklebte Front- und Heckscheiben kündeten. Auch die „Nase" neigte sich schnittig nach hinten.

Das war noch ein Gesicht! Obschon windkanaloptimiert und leicht nach hinten geneigt, zeigt der chromumrandete Kühlergrill das klassische Markenantlitz.

Über das recht hoch abschließende Heck, das die Keilform des Neulings betonte, mochten Ästheten die Nase rümpfen, selbstverständlich diente aber auch dies der optimierten Aerodynamik, war also in den Augen der Ingenieure schlicht notwendig gewesen.

Ebenso stand eine kompromisslose „Benzigkeit" des neuen Sternenkindes im Lastenheft, der W 201 war ein Mercedes durch und durch. Die ingenieurhaft-unerschütterliche Solidität, die seine Entwickler in ihn hineinkonstruierten und die den 190er bis heute zu einem der höchstwertigen Fahrzeuge der Achtzigerjahre macht, lässt in jeder Schraube das Bemühen erkennen, dass man sich das für den Hersteller neue Segment der unteren Mittelklasse nicht nur erschließen, sondern erobern wollte.

Mit seiner leichten Keilform nahm der W 201 das Markendesign der Folgejahre vorweg. Vor allem der Verzicht auf den bis dato üblichen Chromschmuck war unerwartet modern.

Was auch gelang: Zeitweise belegte der W 201 die vorderen Plätze in der Zulassungsstatistik gleich hinter den Bestsellern VW Golf und Opel Kadett, die eine ganze Fahrzeugklasse unter ihm rangierten. Einen großen Anteil daran hatte sicherlich das ausnehmend komfortable und enorm spurstabile Fahrwerk, das diese Eigenschaften der seinerzeit sehr aufwändigen Raumlenkerhinterachse mit mehrstrebiger Radführung verdankte.

Diese Achskonstruktion wurde später in alle Mercedes-Benz, zunächst in den ab 1984 angebotenen W 124, übernommen. In dieser Hinsicht diente in der Tat erstmals das Einstiegsmodell eines Herstellers als Technologieträger, nicht wie bisher das obere Ende des Modellprogramms.

Mit dem VW Golf der zweiten Generation teilt sich der Mercedes W 201 als angehender Klassiker durchaus einige Attribute. Er ist grundsolide, fast bis zur Selbstvergessenheit zuverlässig, reparaturfreundlich, auch heute noch wirtschaftlich zu fahren und im Alter fast so klassenlos, wie es der kompakte Wolfsburger immer war. In einem gepflegten Mercedes 190 sieht man auch heute noch sehr gut angezogen aus, egal, ob man vor der Oper oder der Uni parkt.

Exemplare der zweiten Serie ab 1988 gelten als rostresistenter. Die umfangreiche Motorenvielfalt (links ein Zweiliter-Benziner, rechts ein 2,5-Liter-Saugdiesel) blieb.

Die große Ausstattungs- und Motorenvielfalt lässt Raum für alle Geschmäcker, ob gemütlicher Saugdiesel oder ambitionierter Sportler, alles ist verfügbar. Und das zu überwiegend moderaten Preisen, ein Hochpreisklassiker ist der 201er nicht. Das würde auch nicht zu seinem bodenständigen Naturell passen.

Wer einen Baby-Benz für den Alltagseinsatz sucht, sollte sich vor allem unter Fahrzeugen ab Baujahr 1988 umsehen. Mit der großen Modellpflege wurde die Rostvorsorge signifikant verbessert, und es gab zahlreiche Detailänderungen, die den bis dato kleinsten Benz auch heute noch zeitgemäß wirken lassen. Frühe Exemplare locken dafür mit dem H-Kennzeichen und mitunter noch schrilleren Lackfarben.

In allen Varianten, egal mit welcher Motorisierung und ob als frugales Buchhaltermodell oder späte „Avantgarde"-Sonderedition mit modisch gefärbten Ledersitzen, werden Sie etwas verspüren, was es so heute nicht mehr gibt – das Gefühl, ein Fahrzeug zu bewegen, das offenkundig ohne Rotstifteinsatz und mit dem unbedingten Bestreben nach Langzeittauglichkeit entwickelt wurde. „Das Beste oder nichts" – vielleicht ist der W 201 der letzte Mercedes-Benz, der diesem Slogan wirklich gerecht wird, aber den Ruf teilt er bekanntlich mit mehreren Sternbaureihen.

Das ungewohnt hohe Heck gefiel anfangs nicht jedem, es war ebenfalls dem Windkanal geschuldet. Den Traditionalisten blieben allerdings die typischen Riffelglas-Heckleuchten erhalten.

1 Der richtige Wagen?

Alltagstauglichkeit

Jeder Mercedes der Baureihe W 201 ist – regelmäßige Wartung und Pflege vorausgesetzt – bestens alltagstauglich. Weder für die frühen Vergasermodelle (190 ohne „E") noch die Diesel aber gibt es die grüne Feinstaubplakette. Erstere rettet inzwischen das H-Kennzeichen, für letztere gibt es (allerdings recht kostspielige) Nachrüstlösungen.

Die schlicht und schnörkellos gezeichnete Karosserie sieht auch drei Jahrzehnte später nicht alt aus. Benziner mit Kat – dieser war ab Produktionsbeginn für alle Einspritzmotoren erhältlich, später serienmäßig – bekommen ausnahmslos die grüne Feinstaubplakette. Mit einem nachgerüsteten Kaltlaufregler halbiert sich die Steuerlast.

Platzangebot

Der W 201 ist prinzipiell als fünfsitzige Limousine ausgelegt. Vorn geht es geräumig und sehr behaglich zu. Die Sitzplätze im Fond, vor allem was die Beinfreiheit angeht, wurden indes stets als deutlich zu knapp kritisiert. Mit Recht. Auch die große Modellpflege 1988 brachte nur wenig Besserung. Der Hersteller selbst parierte derartige Kritik stets mit dem Hinweis, dass es sich schließlich um ein „Kompaktfahrzeug" handele. Nun ja. Rückblickend darf man das schmunzelnd zur Kenntnis nehmen.

Während das Platzangebot vorn auf breiten – und nach der Modellpflege 1988 deutlich besseren – Sitzen auch für groß gewachsene Passagiere sehr gut ist, wird es im Fond recht knapp. Zeitlebens ein (berechtigter) Kritikpunkt am 190er.

Bedienbarkeit

Die Servolenkung sorgt in Verbindung mit dem herstellertypisch großen Lenkrad im Schiffsruderformat für sehr geringe Bedienkräfte. Achtung: Im Gegensatz zu allen anderen Mercedes-Modellen jener Tage, die über eine Fußfeststellbremse verfügten, hat der W 201 einen konventionellen Handbremshebel auf dem Mitteltunnel. Alle Kontrollleuchten, Instrumente und Schalter sind selbsterklärend, auch in gut ausgestatteten Modellen gibt es kein Tastenchaos.

Kofferraum

Mit knapp über 400 Litern Kofferrauminhalt war und ist der W 201 nicht unbedingt ein Auto für die ganz große Reise. Alltagstauglich ist er aber allemal. Nach heutigen Ergonomie-Maßstäben liegt die Ladekante sehr hoch, eine umklappbare Rückbank gab es nicht. Dafür ist das Ladeabteil recht tief und verfügt an beiden Seiten über zusätzliche Fächer für Kleinkram.

Die Bedienung gab und gibt keine Rätsel auf. Das große Volant sorgt für kinderleichtes Lenken, schubbert großen Fahrern aber mitunter auf den Knien, da die Sitzkonsolen im W 201 ein Quäntchen höher ausfielen als etwa im großen Bruder W 124.

Die Ladekante fiel sehr hoch aus, was nach heutigen Maßstäben nicht unbedingt bequem ist. Das hohe Heck ermöglichte indes einen tiefen Kofferraum, der mit knapp über 400 Liter Volumen als ausreichend groß zu bezeichnen ist. Unter der stabilen Bodenklappe befinden sich das Reserverad und das Werkzeug.

Platzbedarf/Garage

Die Bezeichnung Kompaktfahrzeug relativiert sich angesichts der Länge von knapp über 4,40 Metern. Im Vergleich zu einer aktuellen C-Klasse ist der W 201 dennoch geradezu zierlich, er ist auch nur knapp 1,70 m breit. So findet er in wirklich jeder Normgarage genügend Raum. Auch die Parkplatzsuche gestaltet sich entspannt.

Laufende Kosten

Betriebs- und Unterhaltskosten eines W 201 hängen natürlich stark mit der gewählten Motorisierung zusammen. Gerade die Dieselmotoren werden mit Steuerforderungen in schmerzhafter Höhe gestraft. Für die sportlichen 2.3-16-, 2.5-16- oder die exklusiven Evo-Modelle sind die Versicherungseinstufungen nicht zu verachten. Die bodenständigen Benziner mit 1,8 und zwei Litern Hubraum, die das Gros der Gebrauchten darstellen, sind recht günstig im Unterhalt. Durch den Einbau eines Kaltlaufreglers halbiert sich die Steuerlast.

Ersatzteile

Heute bestellt, morgen geliefert: Das gilt für jeden Mercedes-Vertragshändler und für im Grunde jedes benötigte Teil. Teils günstiger und meistens nicht schlechter liefert der gut sortierte freie Ersatzteilmarkt. Viele Anbieter haben sich auf die Baureihe spezialisiert, halten gebrauchte und Repro-Neuteile zu fairen Preisen parat. Als erste Adresse gilt das werkseigene Gebrauchtteile-Zentrum (MBGTC), wo es grundüberholten Ersatz mit Garantie gibt. Längst haben sich auch Schrotthändler auf Mercedes-Baureihen spezialisiert.

Versicherung

Auch, was die Versicherungseinstufung anbetrifft, gilt: Die Brot-und-Butter-Modelle fahren günstig. Exklusive Varianten („Evo I + II") sind in anderen Sphären unterwegs, werden allerdings auch kaum mehr im Alltag bewegt. Da frühe 201er inzwischen H-Status besitzen und auch späte Modelle längst als Youngtimer anerkannt sind, bieten viele Versicherer (etwa OCC, Zurich, Provinzial) spezielle Klassikertarife an, die sich finanziell lohnen. Im Einzelfall können diese aber an bestimmte Bedingungen (Kilometerbegrenzung, Nachweis eines „Alltagsfahrzeuges") gekoppelt sein.

Werterhalt

Der Markt sortiert sich gerade, der W 201 hat eine feste und leidenschaftliche Fangemeinde. Gepflegte Exemplare halten ihren Wert, Sondermodelle wie „Avantgarde Azzuro", „Avantgarde Rosso" und „Avantgarde Verde" (alle aus dem letzten Modelljahr 1993) sind – im Originalzustand – gesucht und steigen im Wert, die 16-Ventiler (2.3-16 und 2.5-16) werden inzwischen wieder richtig teuer. Selbst frugal ausgestattete Erstserien-Exemplare (egal, ob Benziner oder Diesel) gibt es in gutem Zustand nicht mehr geschenkt, der H-Status macht sie interessant. Insgesamt ist ein 201 aber – mit Ausnahme der „Evos" – kein unerreichbarer Hochpreisklassiker. Das wird sich auch so schnell nicht ändern.

Gute Seiten

Qualitativ setzt der W 201 bis heute Maßstäbe, das Attribut des unverwüstlichen Langzeitautos trifft auf ihn noch mehr zu als auf seinen großen Bruder W 124. Ein Automobilmagazin schrieb vor Jahren: „Ein Mercedes 190 sieht Imperien entstehen und fallen, bevor auch nur sein Handschuhfachdeckel knarzt". Da ist was dran; selbst vernachlässigte Autos laufen scheinbar unbeirrt immer weiter. Einen alltagstauglicheren und robusteren Achtzigerjahre-Klassiker gibt es kaum.

Schlechte Seiten

Gerade, weil der „Hundertneunziger" so schwäbisch-akribisch, so ingenieurig-ernsthaft konstruiert und gefertigt wurde und auch im Alter selten Schwäche zeigt, sind viele Exemplare jahrelang ohne erkennbare Wartung runtergeritten worden. Oft funktionieren sie trotzdem, so dass der erste Eindruck täuscht. Das kann sich böse rächen, Wartungsstaus werden immer teuer. Und gänzlich unverwundbar ist auch ein W 201 nicht.

Alternativen

Der Mercedes W 201 kam auf den Markt, als sich seine Wettbewerber bereits etabliert hatten. Als direktester Konkurrent galt und gilt BMWs „Dreier", als Typ E 30 inzwischen selbst ein Klassiker und in gutem Zustand nicht minder gesucht. Fahrdynamisch ist der Münchner seinem Stuttgarter Kollegen voraus, gerade mit einem der seidigen Reihensechszylinder. Ein Blick nach Ingolstadt nimmt den Audi 80 – in die Bauzeit des Mercedes fallen die Varianten B2 und B3 – ins Visier. Gerade letztere ist mit vollverzinkter Karosserie und vergleichsweise sehr günstigen Preisen durchaus ein Tipp. Mit Allradantrieb „quattro" sowieso.

Inzwischen mit H: Frühe 190er können als Oldtimer zugelassen werden, was – wie bei dem gezeigten Fahrzeug – auch einen Diesel wieder wirtschaftlich erscheinen lässt.

2 Kosten

Vorab sei gesagt, dass die Varianten- und Motorenvielfalt der Baureihe W 201 kaum pauschale Aussagen über anfallende Kosten zulässt. Grundsätzlich ist der „190er" ein technisch robustes Fahrzeug, der Elektronikanteil überschaubar. Die Kalkulationen – etwa in Sachen Arbeitslohn – schwanken auch danach, ob Sie Reparatur und Wartung einer freien Werkstatt oder einem Vertragshändler respektive einer Niederlassung überantworten. Alle genannten Preise sind Richtwerte und orientieren sich am Typ 190 E 2.0 (90 KW/122 PS) des Modelljahres 1991. Sie beinhalten Lohn- und Materialkosten sowie die gesetzliche Mehrwertsteuer von 19 %.

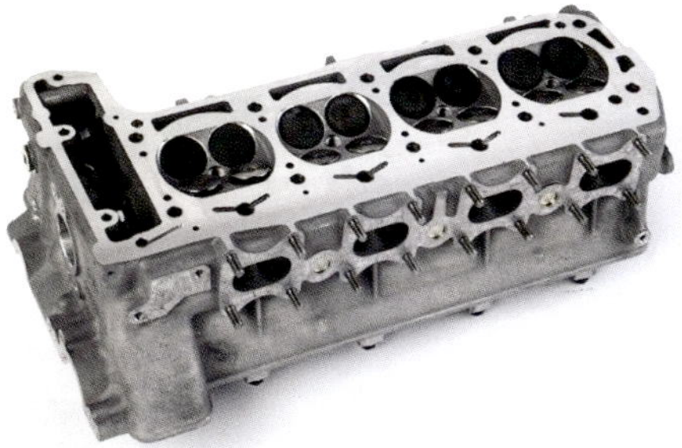

Das niedrige Preisniveau auf dem Gebrauchtmarkt täuscht darüber hinweg, dass auch der kleinste Benz ein nach damaligen Maßstäben hochmodern und durchaus komplex konstruiertes (r.) Fahrzeug ist. Wer einen W 201 angemessen unterhalten will, sollte sich darauf einstellen, das Reparaturen auch mal ins Geld gehen, wie etwa bei Zylinderkopfschäden (l.).

1. Inspektion (klein/groß), ohne Zusatzarbeiten:	230 €/400 €
2. Keilriemenwechsel (inkl. Spannvorrichtung):	500 €
3. Steuerkettenwechsel (inkl. Kettenspanner):	330 €
4. Zündkerzenwechsel:	52 €
6. Wasserkühler erneuern:	600 €
7. Wasserpumpe erneuern:	550 €
8. Neuer Auspuff ab Kat:	600 €
9. Nockenwelle (inklusive Schlepphebel) erneuern:	1700 €
10. Traggelenke Vorderachse erneuern:	700 €
11. Querlenker vorn ersetzen:	1200 €
12. Stoßdämpfer rundum erneuern:	1020 €
13. Schiebedach instandsetzen (Hubwinkel):	700 €
14. Austausch Radlager vorn:	200 €
15. Bremsbelagwechsel (vorn/hinten):	120 €/100 €
16. Bremsflüssigkeit wechseln:	57 €
17. Hardyscheibe (Getriebeausgang) erneuern:	250 €
18. Zylinderkopfdichtung erneuern:	1600 €
19. Feststellbremse justieren:	50 €
20. Achsvermessung (inkl. neuer Spurstangen):	250 €
21. Motorsteuergerät ersetzen:	1300 €

Die Steuerkette inklusive Spannvorrichtung gilt als unproblematisch. Es schadet nicht, sie bei über 200.000 Kilometern prüfen zu lassen. Gelegentlich kommen eingelaufene Nockenwellen vor.

22. Kupplung und Mitnehmerscheibe erneuern: 1100 €
23. Automatikgetriebeöl (ATF) wechseln: 300 €
24. Bremsscheiben + Klötze Vorderachse: 290 €
25. Bremsscheiben + Klötze Hinterachse: 320 €
26. Starter erneuern: 360 €

Faustregel: Defekte an der Elektrik/Elektronik sind prinzipiell genau so kostspielig zu reparieren wie bei einem modernen Fahrzeug. Zuweilen sind gebrauchte oder AT-Steuergeräte bei Online-Auktionen verdächtig günstig zu haben. Wem es um das Geld nicht zu schade ist, der mag das versuchen, aber: Es handelt sich fast immer um Wundertüten! Einwandfreie Funktion garantiert der Anbieter nämlich in der Regel nicht. Wie auch? Mit „Hausmitteln" lässt sich die Funktion eines Motormanagementsystems nicht testen. Alternative: Es gibt inzwischen diverse Betriebe – etwa die Firma Hitzing + Paetzold (www.hitzpaetz.de) im nordrhein-westfälischen Gladbeck –, die sich auf die Reparatur von Steuergeräten spezialisiert haben. Oft kann auch das offizielle MB-Altteilecenter helfen. Dann gibt's sogar Garantie.

Leicht zu finden:

Im Grunde: Alles. Sie fahren einen Mercedes-Benz. Das heißt: Alles, was das Fahrzeug zum Fortkommen benötigt oder benötigen könnte, bekommen Sie entweder sofort oder innerhalb von 24 Stunden an der Teiletheke des Vertragshändlers. Verschleißteile sowieso.

Schwer erhältlich:

„Schwer erhältlich" existiert im Mercedes-Kosmos kaum. Wenn es nicht gerade um Innenraumteile in exotischen Farben geht, bekommen Sie eigentlich wirklich alles. Mit Ausnahme des Motorkabelbaums, der offiziell nicht mehr lieferbar ist. Aber keine Panik: Die „Kabelbaumschule" (www.kabelbaumschule.de) in Möckingen kann helfen. Und es gibt immer noch die rührige Clubszene. Hier gilt: Irgendeiner hat immer was. Oder kennt jemanden, der jemanden kennt …

Besonders teuer:

Wirklich heftige Ausreisser nach oben gibt es kaum. Sicher: Der Tausch einer defekten Zylinderkopfdichtung ist nicht günstig, ebensowenig der Austausch der Nockenwelle, die bei M-102-Motoren gern mal einlief. Eigentlich gibt es aber kaum Gründe, einen lahmenden 201er wegen exorbitanter Reparaturkosten zu entsorgen. Ausnahmen: Die 16-Ventiler und die ohnehin raren Evo-Modelle erfordern im Falle einer Technikreparatur größere Reserven.

Warum die 16-Ventiler auch im Reparaturfall eine Klasse für sich sind, zeigt dieses zeitgenössische Bild eines zerlegten Motorblocks recht eindrucksvoll.

3 Leben mit einem W 201

Leben lässt es sich mit einem W 201 in der Tat ganz vorzüglich. Das ist wohl auch einer der Gründe, weshalb der „Baby-Benz" in der öffentlichen Wahrnehmung noch nicht flächendeckend als Klassiker verstanden wird. Im Gegenteil: Sehr viele Exemplare verrichten noch immer treu ihren Dienst als Alltagsfahrzeug. Und warum auch nicht? Dafür wurden sie gebaut. Ein gepflegter W 201 läuft problemlos und wirtschaftlich, bietet ausreichend Platz für Passagiere und Gepäck und ist mit geregeltem Katalysator, ABS, Servolenkung und – gegen Aufpreis – Airbags auch absolut zeitgemäß ausgerüstet.
Der ideale Klassiker also? Im Grunde schon, wenn Sie mit dem etwas eingeschränkten Platzangebot auf den Rücksitzen und dem höchstens durchschnittlichen Kofferaumvolumen zurechtkommen, kann man sich mit dem zeitlos gestalteten 190er auch heute noch überall sehen lassen.
Natürlich kann ein W 201 auch rosten – obwohl er ab Werk sehr ordentlich gegen Korrosion geschützt wurde –, er kann auch hier und da mal ein technisches Gebrechen haben. Aber: Mängel treten im Grunde nie versteckt auf. Und er ist so wartungsfreundlich konstruiert, das jedem versierten Mechaniker angesichts der hervorragend erreichbaren Baugruppen die Freudentränen in die Augen schießen. Die Schwachpunkte, ob an Karosse oder Technik, lassen sich meist mit vertretbarem Aufwand instandsetzen – falls es sich nicht um ein verwahrlostes Fahrzeug handelt. Von dem sollten Sie dann aber generell die Finger lassen. Die Totalrestaurierung eines W 201 lohnt sich nicht. Dafür gibt es noch zu viele Gute auf dem Markt.
Mit welchem W 201 Sie leben möchten, hängt dabei entscheidend von Ihrem Budget und Ihren Vorlieben ab. Auch ein 190 D mit bescheidenen 72 PS kann sehr reizvoll, weil wunderbar entschleunigend, sein. Das

Nur keine Aufregung: Der hochwertig-pragmatische Arbeitsplatz im W 201 lässt keine Fragen aufkommen. Dem Stil der Zeit entsprach, dass er auch einigermaßen schmucklos ausfiel. Die holzvertäfelte Mittelkonsole fand sich so erst in späten Modellen wieder.

Nur nicht zuviel Extravaganz: Die Erstbesitzerin dieses Fahrzeugs gönnte sich zwar eine auffällige Lackierung in 888 Beryllmetallic und orderte zum Zwoliter-Benziner ein Schiebedach, ein Automatikgetriebe und ein „Becker Europa 2000" mit automatischer Antenne, aber Leichtmetallräder? Wozu? Die Plastikkappen tun es doch auch.

Die Motoren- und Ausstattungsvielfalt war stets umfangreich. Der unvergleichlich satt tönende Fünfzylinder-Diesel (OM 602) füllt den Bug des 190ers fast vollständig aus und war seinerzeit einer der teuersten Motoren. Im Gegensatz dazu steht das im schrillen Look der frühen Neunzigerjahre gehaltene Sondermodell „Avantgarde Azzurro“: Ihm gönnte Mercedes-Benz mit dem 2,3-Liter-Vierzylinder-Benziner den Volumenmotor des W 124. Unter Sammlern ist er heute sehr begehrt.

Arbeitsgeräusch des alten Vorkammerdiesels ist ohnehin unvergleichlich und flüstert die gar nicht utopische Melodie des Kilometermillionärs.

Die „Brot-und-Butter-Benziner“ 190 E 1.8 und 2.0 machen alles mit und sind ausreichend flott, richtig Spaß machen der 2,3-Liter- und erst recht der 2,6-Liter-Sechszylinder-Benziner mit strammen 160 PS. Der geht kultiviert und kraftvoll nach vorn, adelt den kompakten Benz zur Sportlimousine. Für die 16-Ventiler und erst recht für die beiden Evo-Modelle, die als Basisfahrzeuge für den Tourenwagen-Motorsport konzipiert wurden, gilt das in besonderem Maße. Sie sind aber auch sehr teuer.

Insgesamt gilt: Der Markt ist gut sortiert. Was Sie möchten, werden Sie finden. Auch so genannte Fehlfarben und aus heutiger Sicht sehr mutige Kombinationen aus Lack- und Polsterfarben sind in ausreichender Menge verfügbar. Die Suche kann nur manchmal etwas länger dauern. Nehmen Sie sich ausreichend Zeit und kaufen Sie dann den besten Wagen, den Sie für Ihr Geld bekommen.

Dem normal betuchten Klassikerfreund längst entglitten: Der als Basisfahrzeug für den Tourenwagensport aggressiv flügelbewehrte 190 E 2.5 – 16 EVO II wurde nur 502-mal gebaut und war mit über 115.000 DM auch damals schon teuer. Topexemplare erzielen heute Preise von deutlich mehr als 200.000 Euro!

4 Relative Werte

Karosserie

Da fällt die Wahl leicht – es gibt nur eine Karosserievariante, auch wenn Fans bis heute bedauern, dass Mercedes-Benz die fahrfertige Studie eines Cabriolets nie umsetzte. Der 190er ist eine fünfsitzige Limousine und enorm verwindungssteif gebaut. Manche schwören gar, der „Baby-Benz" sei noch penibler montiert worden als sein großer Bruder W 124.

Die Mercedes-Linie ab Anfang der Achtzigerjahre, klassischer geht es kaum. Die Acht-Loch-Felgen galten als beliebtes Zubehör und sind es heute noch. Entsprechend teuer sind gepflegte Radsätze.

Die Motoren

Das Gros des Angebots besteht aus Vierzylinder-Benzinmotoren vom Typ M 102, wobei die frühen Vergaservarianten nur noch in homöopathischen Mengen unterwegs sind. Die Einspritzer gibt es in verschiedenen Leistungsstufen von 1,8 (109 PS) bis 2,3 Litern (136 PS) Hubraum. Sie alle garantieren ausreichend zügiges und wirtschaftliches Fahren. Die Top-Motorisierung 2.6 E mit 160 PS (M 103) und seidenweich laufendem Reihensechszylinder verleiht der kompakten Limousine geradezu sportliche Fahrleistungen und gilt vielen Fans als Highlight der Baureihe.

Das untere (l.) und das obere Ende (r.) der Fahnenstange: Ordentlich motorisiert sind bereits die auf dem M 102 basierenden Vierzylinder-Benziner. Vergaser gibt es kaum noch. Die hochgezüchteten 2.3 – 16 und 2.5 – 16 können auch Sport, erfordern aber auch peniblere Wartung.

Die Diesel 190 D (OM 601) und 190 D 2.5 (OM 602) erfordern den tiefenentspannten Fahrertyp, wobei der 2.5-Liter-Fünfzylinder-Diesel gerade im unteren Drehzahlbereich bärige Kraft entwickelt und sich damit sehr gut etwa als Zugfahrzeug eignet. Zudem hat er einen tollen Sound! Der zunächst nur für den Nordamerika-Export geplante, ab 1987 dann aber auch hierzulande angebotene, 2.5-Liter-Turbodiesel mit 122 PS (OM 602 mit Abgasturbolader) war mit rund 44.000 DM als Neuwagen so teuer, das seine Verbreitung hierzulande überschaubar blieb. Auf dem Gebrauchtmarkt tauchen diese Fahrzeuge nur selten auf. Man erkennt sie an den charakteristischen Lüftungsschlitzen im Kotflügel vorn rechts. Ausschließlich für den nordamerikanischen Markt gab es einen 2,2-Liter-Saugdiesel mit 73 PS (OM 601).

MOPF oder Serie? Ein Kosename löst Debatten aus

Den kurios klingenden Kosenamen „MOPF" gibt es nur in der Mercedes-Szene! Es handelt sich um die flapsige Abkürzung der in regelmäßigen Abständen vom Werk ergriffenen Modellpflegemaßnahmen, bei anderen Herstellern „Facelift" oder schlicht Überarbeitung genannt. Wenn Mercedes-Fans sich also über „MOPF"-Fahrzeuge („gemopfte" oder „Möpfe" ist auch gebräuchlich) unterhalten, meinen sie die Evolutionsstufen einer Baureihe. Ernsthaftere „Mercedologen" schätzen die Abkürzung gar nicht und sprechen lieber von Serien.
Wie dem auch sei: Die Baureihe W 201 unterteilt sich in zwei Entwicklungsstufen: Serie 1 wurde von 1982 bis 1988 produziert, Serie 2 (MOPF) von 1988 bis 1993. Die Serien unterschieden sich für den Betrachter zunächst nur durch optische Retuschen. So gerieten die Stoßfänger vorn und hinten deutlich voluminöser, die Bugschürze wurde um 35 Millimeter weiter nach unten gezogen.
Die Flanken zierten fortan charakteristische Seitenbeplankungen („Sacco-Bretter") aus Polyurethan, die nach unten um Schwellerverkleidungen ergänzt wurden. Sämtliche Kunststoffanbauteile wurden in zwölf seidenmatten Lackierungen angeboten, die jeweils fest an verschiedene Lackfarben der Karosserie gekoppelt waren. Der Beifahreraußenspiegel war nun serienmäßig.

Die optischen Unterschiede zwischen beiden Serien sieht man auf den ersten Blick: Den frühen Modellen bis 1988 (l.) fehlt die später für alle Modellreihen charakteristische Seitenbeplankung (rechts ein spätes Modell von 1992). Vorteil: Rostbefall an Schwellern, Radläufen und Wagenheberaufnahmen sieht man sofort. Dafür sind spätere Modelle generell besser gegen Rost geschützt.

Auch im Innenraum gab es signifikante Änderungen. Mercedes-Benz reagierte auf die Kritik am sehr knapp bemessenen Fondraum und veränderte den Fahrzeugboden über der Hinterachse, kippte den Querträger der Bodengruppe unter der Rückbank, veränderte die Heckwand mit Eindrückungen an beiden Fahrzeugflanken, verlegte die Befestigungspunkte des Tanks weiter nach hinten und ersetzte die Federkernpolsterung der Rücksitzbank durch Schaumstoff. Zusätzlich wurden die Rückenlehnen der Vordersitze so geformt, dass mehr Kniefreiheit herrschte. Insgesamt ergab das Maßnahmenpaket 20 Millimeter mehr Platz für die Beine und sechs Millimeter mehr Kopffreiheit, blieb also überschaubar.
Allerdings – und das war vielleicht die größte Neuerung innerhalb der Modellpflege – gab es mit dem 190 E 1.8 (109 PS) ein neues Einstiegsmodell. Optisch unterschied es sich nur marginal von seinen größeren Brüdern, war aber satte 5000 DM günstiger als ein 190 E 2.0,

der den bisherigen Einstieg bildete. Der 1,8er wurde als bis dahin preisgünstigster Mercedes-Benz ab Marktstart ein großer Erfolg und sorgte mit dafür, neue Kundenkreise zu erschließen, die bislang nicht „zum Stern" gefunden hatten. Ein Blick auf den Gebrauchtmarkt zeigt auch heute noch eine große Auswahl des kleinsten Baby-Benz, der uneingeschränkt empfehlenswert ist. Sicher: Er ist kein Racer. Untermotorisiert ist er aber auch nicht.

Marktlage

Die nachfolgende Tabelle gibt einen guten Überblick über das Preisgefüge der verschiedenen Ausführungen in Deutschland, wie es sich bei Drucklegung dieses Ratgebers darstellte, ermittelt von Classic Data. Die Spezialisten für Fahrzeugbewertungen aus Bochum beobachten seit mehr als 25 Jahren den Markt für zwei- und vierrädrige Klassiker und bieten ein bundesweites Netz qualifizierter Kfz-Sachverständiger, die unter anderem Wertgutachten erstellen. Unter www.classic-data.de findet sich eine nach Postleitzahlen sortierte Liste der Classic-Data-Partner. In der Realität können die Preise jedoch abhängig von Ausstattung und Fahrzeughistorie variieren. Natürlich spielen Originalität und Zustand bei den zu erzielenden Preisen die größte Rolle.

Alle im Folgenden angegebenen Werte schwanken je nach Zustand und Land

					Zustandsnoten				
Modell	Karosserie	Baujahr	PS/kW	cm³	1	2	3	4	5
190 D (W 201)	Limousine	1982-1988	72/53	1983	7300	3900	1700	600	k. N.*
190 D (W 201)	Limousine	1988-1993	75/55	1997	7500	4000	1800	600	k. N.*
190 (W 201)	Limousine	1982-1984	90/66	1996	11.500	6000	2600	900	k. N.*
190 D 2.5 (W201)	Limousine	1986-1988	90/66	2479	8300	4400	2000	700	k. N.*
190 D 2.5 (W201)	Limousine	1988-1993	90/66	2497	8400	4500	2100	700	k. N.*
190 Kat (W 201)	Limousine	1986-1989	102/75	1977	7800	4200	2000	700	k. N.*
190 (W 201)	Limousine	1984-1988	105/77	1977	12.000	6400	2900	1000	k. N.*
190 E 1.8 Kat (W 201)	Limousine	1990-1993	109/80	1797	7700	4100	1800	600	k. N.*
190 E Kat (W 201)	Limousine	1986-1990	118/87	1977	7500	4000	1800	600	k. N.*
190 E (W 201)	Limousine	1983-1988	122/90	1977	8400	4500	2100	700	k. N.*
190 E Kat (W 201)	Limousine	1991-1993	122/90	1996	8100	4300	1900	600	k. N.*
190 D 2.5 Turbo (W201)	Limousine	1988-1993	126/93	2495	10.900	5700	2500	900	k. N.*
190 E 2.3 Kat (W 201)	Limousine	1988-1993	132/97	2298	12.400	6500	2800	1000	k. N.*
190 E 2.3 Kat (W 201)	Limousine	1986-1988	136/100	2298	11.500	6000	2600	900	k. N.*
190 E 2.6 Kat (W 201)	Limousine	1988-1993	160/118	2597	12.600	6600	2800	1000	k. N.*
190 E 2.6 (W201)	Limousine	1986-1988	166/122	2595	12.400	6500	2800	1000	k. N.*
190 E 2.3-16V (W 201)	Limousine	1984-1986	185/136	2276	41.200	21.600	11.600	3300	k. N.*
190 E 2.5-16V	Limousine	1988	194/143	2498	38.700	20.300	10.900	3100	k. N.*
190 E Evolution I	Limousine	1989	195/143	2498	103.000	67.000	36.000	20.000	k. N.*
190 E Evolution II	Limousine	1990	235/173	2463	285.000	233.000	149.000	106.000	k. N.*

Quelle: Classic Data

* keine Notierung

5 Vor der ersten Besichtigung

Die Goldene Regel für die Besichtigung lautet: Bleiben Sie gelassen! Zu große Begeisterung fürs Auto vernebelt die Sinne und den klaren Blick. Den aber brauchen Sie bei der Suche nach „Ihrem" W 201. Informieren Sie sich vorab über die Marktlage, studieren Sie Fachmagazine und versuchen Sie, ein Gefühl für die Preise zu bekommen. Sind Sie unsicher, nehmen Sie Kontakt zu einem der zahlreichen Clubs auf oder fragen Sie jemanden in Ihrem Bekanntenkreis, der Erfahrung mit älteren Fahrzeugen hat.
Viele der im Folgenden genannten Punkte haben beim Klassikerkauf allgemeine Gültigkeit und beziehen sich nicht ausschließlich auf den Mercedes W 201. Sie zu beachten, wird Ihnen also in jedem Fall helfen.

Wo steht das Auto?

Das Angebot an guten Exemplaren ist recht groß, und eventuell steht Ihr vermeintlicher Traumwagen am anderen Ende der Republik oder gar im nächsten Nachbarland. Dennoch lohnt es sich – bevor Sie eine mehrstündige Anreise in Kauf nehmen – zunächst den Markt rund um Ihren Wohnort, bis maximal 100 km Umkreis, zu sichten. Sie werden in jedem Fall eine Menge Fahrzeuge in den unterschiedlichsten Zuständen und Preiskategorien sehen und lernen, in welchem vernünftigen Verhältnis beides für Sie zueinander stehen sollte. Und wer weiß? Vielleicht wartet der W 201, den Sie zu finden hoffen, ja schon im Nachbarort.

Für ein solches Fahrzeug lohnt die weiteste Anreise: 24 Jahre behütetes Garagenleben und regelmäßige Wartung halten das Kaufrisiko gering. Hat der Vorbesitzer das Fahrzeug nur selten bewegt, sollten Sie sich indes auf Standschäden einstellen.

Händler oder Privatverkäufer?

Inzwischen gibt es – neben den allseits bekannten „Kiesplatz-" oder „Fähnchenhändlern" – eine große Zahl von Betrieben, die sich auf den Handel mit klassischen Mercedes-Benz spezialisiert haben. Arbeiten diese seriös, finden Sie dort zumindest keinen rollenden Schrott. Der Händler steht ja auch in der Gewährleistungspflicht, was große Vorteile hat, und wird Ihnen daher ordentliche Ware verkaufen wollen. Die hat dann allerdings ihren Preis.
Auch im Fall der Baureihe W 201 sind zuweilen eklatante Preisunterschiede zwischen gewerblichem und privatem Markt festzustellen – die nicht immer qualitativ zu rechtfertigen sind. Dann gibt es Händler, die sich auf den Import von Fahrzeugen aus Japan spezialisiert haben. Die locken häufig mit überdurchschnittlicher Ausstattung, vergleichsweise niedrigen Laufleistungen und sehr guten Pflegezuständen. Umstände, die so manchen Händler zu utopischen Preisforderungen veranlassen. Vorsicht! Auch, wenn der eine oder andere „Heimkehrer" substanziell gut ist, sind Preisaufschläge nicht immer gerechtfertigt. Ebenfalls gilt es zu beachten, dass solche Fahrzeuge für eine Zulassung in hiesigen Gefilden umgerüstet werden müssen (Scheinwerfer etc.), was zusätzliche Kosten nach sich zieht.
Bleibt der Privatkauf ohne Netz und doppelten Boden. Entwe-

Auf den ersten Blick ist auch dieser rote W 201 eine gute Wahl. Bei genauerer Betrachtung hat er allerdings Schwächen im Detail und wurde umfangreich nachlackiert. Hier sollte man nach dem Grund fragen.

der sollten Sie selbst in der Lage sein, den Zustand eines Fahrzeuges einigermaßen sicher zu beurteilen oder Sie nehmen zur Besichtigung jemanden mit, der das kann. Ein Restrisiko bleibt natürlich. Zu guter Letzt: Welchen Eindruck macht der Verkäufer? Haben Sie das Gefühl, dass er sein Auto gut kennt, und kann er entsprechende Belege vorweisen, ist das Risiko beim privaten Kauf schon besser überschaubar.

Kosten der Überführung

Übergibt der Verkäufer Ihnen das Auto angemeldet, brauchen Sie keine weiteren Kosten einzuplanen. Sie überführen ja auf eigener Achse und melden das Fahrzeug am Heimatort auf sich um. Erwerben Sie jedoch einen abgemeldeten PKW, gibt es zwei Möglichkeiten: Entweder Sie mieten sich einen Trailer (was natürlich nur dann geht, wenn Sie Zugriff auf ein mit Anhängerkupplung ausgerüstetes Zugfahrzeug haben) oder Sie beantragen eine Kurzzulassung (5-Tages-Kennzeichen). Dafür muss das Fahrzeug über eine gültige Hauptuntersuchung verfügen. Die Unterlagen bekommen Sie entweder von Ihrer Versicherung oder in der Zulassungsstelle. Bleibt als Alternative der Transport auf einem Trailer. Ein Anhänger kostet meistens nicht mehr als um 50 Euro pro Tag (Kaution einplanen!).

Sind Sie auch drauf reingefallen? Das ist gar kein Mercedes, sondern ein nordkoreanischer (!) Kaengsaeng. Ein solches Fahrzeug werden Sie hierzulande nirgends finden. Es wäre auch nicht erstrebenswert, die Qualität gilt als unterirdisch. Aufgrund der Mangelwirtschaft hat er noch nicht einmal eine Heizung.

Besichtigung – wann und wo?

Auf jeden Fall bei Tageslicht und zumindest bei trockenem Wetter. So erkennen Sie optische (Lackschäden, Dellen) und technische (Öl- respektive Flüssigkeitsverlust) Mängel besser. Sollte eine Grube oder eine Hebebühne vorhanden sein, nutzen Sie unbedingt die Möglichkeit, den Unterboden des Kaufobjekts zu inspizieren.

Was ist der Grund für den Verkauf?

Lobt ein Verkäufer sein Auto in den höchsten Tönen, hat aber keine plausible Antwort auf die Frage, weshalb er es dennoch veräußern möchte? Dann sollten die Alarmglocken läuten! Versuchen Sie herauszufinden, wie viele Vorbesitzer das Auto hatte und wie schnell die einander abwechselten. Da ist es hilfreich, wenn der alte Fahrzeugbrief noch vorhanden ist. Es ist normal, dass ein mehr als 20 Jahre altes Fahrzeug in seinem Leben zwei oder drei Besitzer hatte. Sind es aber deutlich mehr und haben diese den Wagen immer nur wenige Monate lang besessen, hat das immer Gründe!

Allgemeiner Zustand

Auch da können Sie dem Verkäufer auf den Zahn fühlen: Kann er Ihnen Angaben machen, die über den Anzeigentext hinausgehen? Hat er Reparaturbelege und Rechnungen, eventuell Fotos? Je plausibler und umfangreicher Antworten und Unterlagen sind, desto besser.

Baby-Benz im Sportdress: Ob Replik oder Original, bei historischen Motorsport-Events wie hier beim OGP Nürburgring, sind „heiße" 190er gern gesehene Gäste.

Original oder getunt?

Das ist zunächst Geschmackssache. Zeitgenössisch „aufgebrezelte" Karossen können ihren Reiz haben. Fahrzeuge in gepflegtem Originalzustand sind in jedem Fall begehrter und somit teurer. Ausnahmen bestätigen aber die Regel: Eine AMG-Version, die man in der MB-Niederlassung bestellen konnte, ist auf höchstem handwerklichen Niveau veredelt und nur in geringen Stückzahlen aufgelegt worden und damit durchaus reizvoll. Auch ein Lorinser oder Brabus hat zu Recht seine Fans. „Baumarkt-Tuning" sollte man aber tunlichst meiden. Wenn es ein Tuningfahrzeug sein soll, ist wichtig, dass alle Änderungen in die Papiere eingetragen und deren Konformität mit entsprechenden ABE-Unterlagen nachweisbar sind.

Stimmen die Fahrzeugdaten?

Fragen Sie den Verkäufer unbedingt, ob der angebotene Mercedes frei von Ansprüchen Dritter ist (etwa einer Bank). Anhand der Fahrgestellnummer können Sie im Zweifel bei der Zulassungsstelle nachfragen, ob das Fahrzeug als gestohlen gemeldet wurde.

Die Sache mit dem Sprit (Betrieb mit E 10)

Keiner der Benzinmotoren (insbesondere Vergaser ohne Kat) bis einschließlich Baujahr 1985 darf mit E-10-Kraftstoff betrieben werden! Die Benzinmotoren mit geregeltem Katalysator ab der Modellpflege (Serie 2) 1988 können mit E 10 befüllt werden.

Versicherung

Ein W 201 ist kein exklusives Fahrzeug (mit Ausnahme der 16-Ventiler und Evos), die Versicherungseinstufung liegt im bezahlbaren Rahmen. Fragen Sie Ihre Versicherung auch danach, ob Sie den W 201 als Klassiker (Youngtimer) anerkennt, dafür kann es dann spezielle Tarife geben. Frühe Modelle mit H-Zulassung laufen eh günstig.

Wie kann ich bezahlen?

Privatgeschäfte sind meist Bargeschäfte, bei einem Händler können Sie den Kaufpreis in der Regel auch überweisen. Ein seriöser Kaufmann sollte sich darauf einlassen. Bestehen Sie in jedem Fall auf einen ordentlichen Kaufvertrag!

Kaufen auf einer Versteigerung?

Wenn Sie sich mit dem Gedanken tragen, Ihr Fahrzeug bei einer Auktion zu erwerben, lesen Sie unbedingt Kapitel 10! Bedenken Sie, dass Sie bei einer Auktion oft nur begrenzte Zeit zur Besichtigung haben, Probefahrten sind meist nicht möglich. Außerdem wird in der Regel ein so genanntes Aufgeld berechnet, das zum eigentlichen Kaufpreis hinzukommt. Und: Kaufen Sie nicht blind im Internet! Eine gewonnene Ebay-Auktion ohne vorherige Besichtigung des Objekts kann im Desaster enden.

Professionelle Überprüfung des Fahrzeugs

Wenn Ihnen das Fachwissen fehlt, den Zustand eines Fahrzeugs realistisch einzuschätzen, nehmen Sie zur Besichtigung einen Kenner mit. Alternativ können Sie mit dem Verkäufer vereinbaren, dass Sie das Fahrzeug in einer Kfz-Werkstatt oder bei einer Prüforganisation (TÜV, Dekra, GTÜ etc.) zum Gebrauchtwagen-Check vorführen dürfen. Wenn der Verkäufer nichts zu verbergen hat, sollte er Ihnen das nicht verweigern.

6 Inspektionsausrüstung

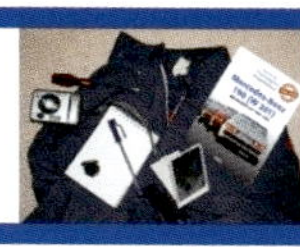

- **Dieses Buch**
- **Lesebrille (falls Sie eine benötigen)**
- **Magnet (ein schwacher reicht aus)**
- **Taschenlampe**
- **Kleiner Schraubendreher**
- **Mechanikeroverall**
- **Spiegel mit verlängerter Halterung**
- **Digitalkamera**
- **Ein Freund, möglichst einer mit Fachwissen**

Bevor Sie sich auf den Weg zu einer Probefahrt machen, sollten Sie eine kleine Ausrüstung zusammenstellen, die bei der Besichtigung hilfreich sein wird. Haben Sie keine Scheu, den anvisierten W 201 gründlich zu untersuchen. Der Verkäufer soll ruhig sehen, dass Sie vorbereitet sind.
Vielleicht das wichtigste Hilfsmittel ist dieses Buch und die darin enthaltenen Checklisten. Vergessen Sie auf keinen Fall Ihre Lesebrille, sofern Sie eine benötigen, um etwas aus nächster Nähe zu inspizieren.

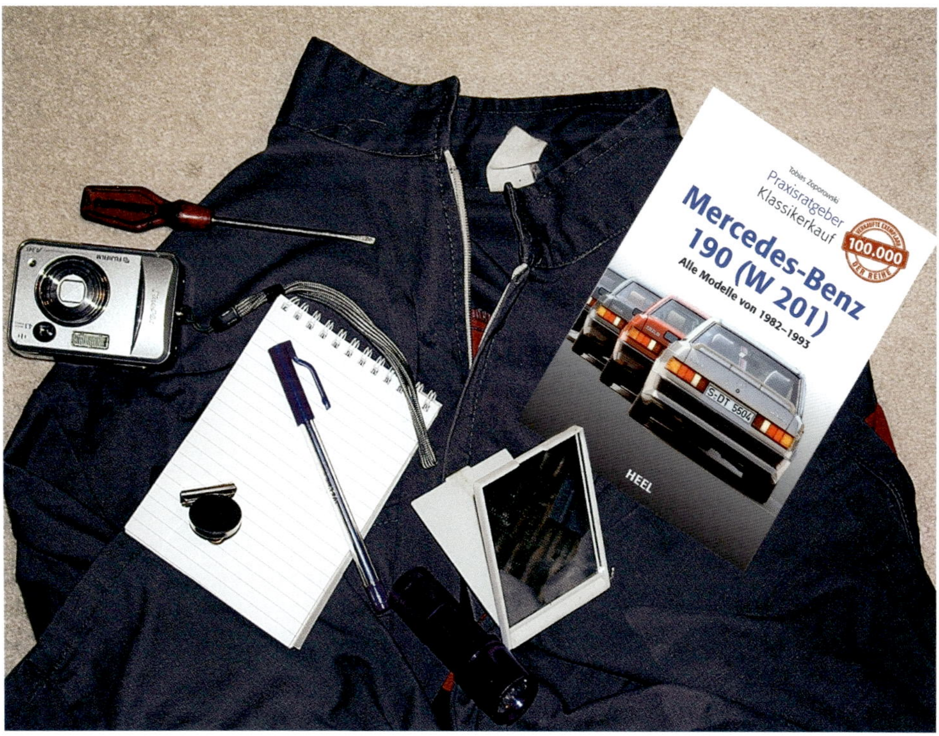

Ein Magnet entlarvt jeden Blender, dessen Karosserie zu weiten Teilen aus Spachtel besteht. Nur wo blankes Blech unter dem Lack liegt, bleibt der Magnet haften. (Vorsicht! Bei diesem Test nicht den Lack zerkratzen!) Dazu sollten Sie zunächst den jetzigen Besitzer nach reparierten Schäden fragen. Zumindest eine dünne Schicht Füllspachtel gehört nun einmal zu den meisten Karosseriereparaturen, auch einer professionellen. Das Fahrzeug sollte allerdings nur kleinflächige Spachtelungen aufweisen. Große Schäden werden vom Profi durch eingeschweißte Bleche behoben. Es spricht nichts gegen eine professionell ausgeführte Restaurierung. Allerdings sollte der Verkäufer mit offenen Karten spielen und diesen Umstand nicht verheimlichen.

Eine Taschenlampe bringt Licht in alle dunklen Bereiche eines Autos, und davon gibt's eine ganze Menge: Radhäuser, Fahrwerk, Unterboden, Motorraum und der Raum unter dem Armaturenbrett, um nur einige zu nennen.

Testen Sie mit einem kleinen Schraubendreher – aber vorsichtig! – verdächtig aussehende Bereiche des Unterbodens und der Karosserie um die Radhäuser herum. Auf diese Weise lassen sich möglicherweise unter dem Unterbodenschutz verborgene Durchrostungen finden. Wenn der Verkäufer Sie von dieser Untersuchung abhalten will, sollten Sie die Besichtigung abbrechen. Mit hoher Wahrscheinlichkeit wird nämlich der Prüfer bei der nächsten HU genau auf diese Weise kritische Stellen kontrollieren.

Speziell wenn keine Möglichkeit besteht, das Auto auf eine Hebebühne zu fahren, sollten Sie sich darauf vorbereiten, sich auf den Boden zu legen. Nehmen Sie deshalb einen Mechanikeroverall mit, den Sie über die normale Kleidung ziehen können. Genau in diesem Fall ist auch ein kleiner Spiegel hilfreich, der entweder auf einer kleinen Teleskopstange oder am Ende eines Stocks befestigt ist. Mit seiner Hilfe können Sie unter dem Auto – oder im Motorraum – Bereiche von Fahrwerk und Auspuff kontrollieren, die dem Blick sonst verborgen sind.

Fotografieren Sie Teile und Fahrzeugkomponenten, bei denen Sie sich nicht sicher sind. So können Sie später in aller Ruhe in Büchern oder bei Experten zusätzlichen Rat einholen. Überhaupt ist es ratsam, einen Freund zur Probefahrt mitzunehmen, idealerweise einen mit Mechanikerkenntnissen. Eine zweite Meinung – die mangels eigenem Interesse vielleicht sogar objektiver ist als Ihre eigene – ist bei einem Autokauf nie schädlich.

7 15-Minuten-Prüfung

Innerhalb einer Viertelstunde werden Sie zwar kaum beurteilen können, ob der blecherne Kandidat tatsächlich der lange gesuchte Freund fürs Leben ist. Die folgende Checkliste gibt Ihnen aber einige Anhaltspunkte, ob sich die intensivere Beschäftigung mit dem Objekt der Begierde lohnt. Manche Mängel erkennen weder der ehrlichste Verkäufer noch der pfiffigste Interessent, manche Fehler entwickeln sich schleichend. Schließlich reden wir hier über ein Fahrzeug, das auf jeden Fall älter als 20 Jahre ist. Sie tun in jedem Fall gut daran, zunächst nicht von einem perfekten Zustand auszugehen. Wenn das Auto mit diesen Worten angepriesen wird, gleich gar nicht.

Optik/Karosserie

Es sollte selbstverständlich sein, dass die Besichtigung eines Fahrzeuges bei mindestens trockenem, besser sonnigem, Wetter stattfindet. Nur so erkennen Sie rasch, ob Nach- oder Neulackierungen stattgefunden haben. Farbunterschiede zwischen Türen, Kotflügeln und Hauben – und seien es nur Nuancen – hat es ab Werk nicht gegeben! Auch schiefe oder weit klaffende Spalten nicht.

Nach deutlich über 20 Jahren im Alltag sind kleinere Kampfspuren wie verblichener Lack an den Stoßfängern (l.), kleine Rempler (Mitte) oder Risse (r.) fast normal und müssen nicht vom Kauf des jeweiligen Fahrzeugs abschrecken. Wichtig ist zu ergründen, ob sich hinter augenscheinlich harmlosen Beschädigungen größere verbergen.

Abschürfungen am Kunststoff der Stoßfänger, Schürzen und Seitenbeplankungen können durchaus als „Kampfspuren" eines Alltagsfahrzeuges durchgehen. Sind die Anbauteile jedoch gerissen, gebrochen oder auffällig verformt, sollte man der Sache auf den Grund gehen. Möglicherweise steckt der eigentliche – und weitaus größere – Schaden dahinter.

Als nächstes geht es auf die Suche nach Rost. Werfen Sie zuallererst einen Blick auf alle vier Wagenheberaufnahmen. Bei Fahrzeugen der ersten Serie bis 1988 liegen diese frei und können problemlos begutachtet werden. Ab 1988 befinden sich in den Schwellerverkleidungen unweit der Radhäuser pro Seite zwei Abdeckungen aus Kunststoff, die Sie mit einem flachen Schraubendreher oder einem Schlüssel vorsichtig öffnen können. Sind die Aufnahmen darunter deutlich von Rost gekennzeichnet, können Sie davon ausgehen, dass auch die Schweller von Korrosion befallen sind. Wenn Sie jetzt keinen „Schweißer-Gott" kennen, können Sie die Besichti-

Die Sichtkontrolle der Wagenheberaufnahmen ist obligatorisch! Bei Fahrzeugen ab 1988 müssen diese kleinen Kappen geöffnet werden. Die gezeigte Wagenheberaufnahme hat Oberflächenrost, ist aber im Kern gesund.

gung beenden. Auch, wenn es dafür Reparaturbleche in allen Qualitäts- und Preisstufen gibt: Die Instandsetzung ist recht aufwändig und wird nicht gerade günstig.
Selbsternannte Spezialisten schweißen die Wagenheberaufnahmen auch kurzerhand zu. Auf solche halbgaren Basteleien sollten Sie sich keinesfalls einlassen!

Ein typisches Rostnest findet sich an der Unterkante der vorderen Kotflügel. Es gibt kaum einen W 201, der an dieser Stelle nicht irgendwann gammelt. Auch die Bohrung für die Antenne im Seitenteil hinten links blüht häufig, was aber von der Dichtung lange versteckt wird.

Ob die im Spritzwasserbereich liegenden Kotflügelkanten vorn und insbesondere hinten bereits Blasen werfen, erkennt man schnell. Mit seinem großen Bruder W 124 hat der W 201 gemein, das er im Bereich des Übergangs zwischen Frontstoßstange und Kotflügel mit den Jahren „aufblüht", allerdings tritt dieses Phänomen beim Baby-Benz weit weniger drastisch auf als beim 124er. Ignorieren sollte man es dennoch nicht. Versäumen Sie nicht, den Bereich rund ums Antennenloch zu inspizieren. Die Dichtung härtet mit den Jahren aus. Haben sich etwa rund um den Antennenfuß bereits Blasen gebildet, ist es zumindest nicht auszuschließen, dass sich Regenwasser seinen Weg in die Seitenwand gesucht hat und dort einen Rostherd bildet.
Schauen Sie sich unbedingt auch das Batteriebodenblech an. Aggressive Batteriesäure

Die Scheibendichtungen des blauen Fahrzeugs sind völlig ohne Befund, ein Verdienst seines langen Garagenlebens. Bilden sich Milchränder rund um Front- und/oder Heckscheibe, ist dieser Vorgang irreversibel und wird immer weiter fortschreiten. Bis der TÜV den Daumen senkt. Rost nistet sich auch gern um den Heckklappengriff oder die Kennzeichenbeleuchtung ein. Das rote Fahrzeug wurde in diesem Bereich neu lackiert. Warum wohl?

Die Aufnahmen von Vorder- und Hinterachse sind unbedingt zu überprüfen! Schäden sind sicherheitsrelevant.

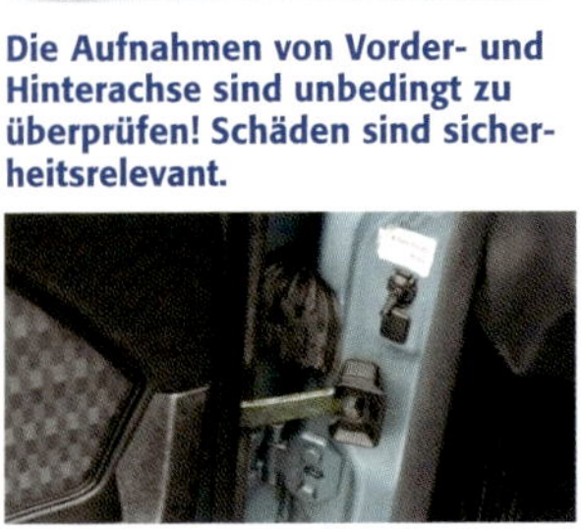

Knackende Türfangbänder werden oft als Schönheitsfehler abgetan, bis sich die entsprechende Tür nicht mehr schließen lässt.

kann zu Rostfraß führen, der sich im Verborgenen ausbreitet. Auch den Rahmen um Front- und Heckscheibe sollten Sie einen intensiven Blick widmen, Milchränder im Glas haben häufig ihre Ursache in durch Korrosion undicht gewordenen Rahmen. Zudem sollten alle Türböden und Haubenkanten gecheckt werden.
Von der in Sachen Korrosionsbeständigkeit kritisch zu betrachtenden Umstellung auf Wasserbasislacke im Jahre 1993 war der W 201, dessen Produktion zu dieser Zeit auslief, nicht betroffen. Generell lässt sich sagen: Die Fahrzeuge ab der großen Modellpflege 1988 waren wesentlich besser gegen Rost geschützt als die Modelle der ersten Serie.
Abschließend sollten Sie unbedingt noch Vorder- und Hinterachsaufnahmen auf Korrosion überprüfen. Durch den werksseitig dick aufgetragenen Unterbodenschutz bleiben Schäden lange verborgen, können aber im Ernstfall gefähr-

lich werden! Knackt es vernehmlich beim Öffnen und Schließen der Türen, sind meistens die Türfangbänder „fertig“. Eine Reparatur, die gerne mal aufgeschoben wird. Allzu lange sollte man damit aber nicht warten, irgendwann blockiert die Tür und lässt sich nicht mehr schließen.

Das elektrische Schiebedach war ein oft geordertes Komfortextra. Bei regelmäßiger Pflege läuft es lange.

Schiebedach

Das Schiebedach ist bei betagten Mercedes-Benz ein Dauerbrenner. Da macht der W 201 keine Ausnahme. Wenn es beim Zurückfahren ruckelt oder sich nur sehr langsam bewegt, überdies Geräusche verursacht, deutet sich ein baldiges Ende der so genannten Hubwinkel an. Sie sind dafür zuständig, das Dach aufzustellen und nach vorn und hinten zu bewegen. Irgendwann brechen sie, was dazu führen kann, dass sich das Dach verklemmt und schlimmstenfalls halb geöffnet stecken bleibt. Die Reparatur ist mit rund 700 EUR (bei Mercedes-Benz) kein billiges Vergnügen.

Unter dieser gemütlichen Lammfellwelt wohnt ein verschlissener Sitz. Das ist bei sehr vielen alten Daimlern der Fall, irgendwann reißt der Stoff (zuerst an der Sitzwange) und dann sacken die Polster durch.

Innenraum

Wenn Sie die Fahrertür öffnen, fällt Ihr erster Blick auf die Außenwange des Fahrersitzes. Das ist auch gut, denn meistens ist sie abgewetzt oder völlig durchgescheuert. Das muss nicht, kann aber schon ein Indiz für ein „abgerocktes“ Fahrzeug sein. Weitere Hinweise sind stark abgenutzte Pedale, speckiger oder gar rissiger Lenkradkranz und abgegriffener Schaltknauf. Passt der Gesamteindruck der Innenausstattung zum Tachostand und zum Baujahr?
Sind die Polster der Sitzanlage noch einigermaßen straff oder wirken sie durchgesessen, gibt es Wasserflecken (unbedingt auch unter die vorderen Bodenteppiche schauen!)?

Wo nicht viel ist, kann auch nicht viel kaputt gehen. Stimmt schon, aber die Kontrolle im Detail lohnt sich. Ist das Interieur original? Mit allerlei Zubehör „verbessert“? Wirkt es verwohnt? Die Oberflächen von Pedalen und Schalthebel erzählen, wie intensiv das Auto genutzt wurde.

Funktionieren das Innenlicht und die Warnanzeige für das Anlegen der Gurte? Funktionieren Heizung und Lüftung, sowie die Beleuchtung aller Regler und Schalter? Bei diesem Fahrzeug (r.) ist die Spiegelverstellung funktionslos, der Hebel abgebrochen. Nur ein Komfortmanko, aber auf Dauer nervig.

Bis auf ihre Beleuchtung, die im Alter ausfallen kann, geben die Instrumente kaum Anlass zur Sorge. Bei Modellen mit Außentemperaturanzeige läuft gern mal das LCD-Display zu und wird dann schwarz. Reparabel ist das nicht.

Die Automatikantennen waren ein beliebtes Extra, Ersatz (sogar originalen) gibt es, allerdings nicht ganz günstig. Wem das Feature egal ist, der kann auch auf einen manuellen Teleskopstab umrüsten.

Ungepflegtes Leder wirft Falten, wirkt trocken und rissig. Lassen Sie den Innenraum auf sich wirken und checken Sie die technische Ausstattung. Funktionieren alle Taster und Schalter? Lüftung, Heizung, Klimatisierung, Fensterheber, Spiegelverstellung, Schiebedach?

Fast schon zum Normalbefund bei betagten Mercedes-Benz gehört, dass Teile der Armaturenbeleuchtung ausgefallen sind. Entweder im Kombiinstrument oder im Bereich der Heizungs- und Lüftungsregelung. Das ist kein Anlass zur großen Sorge, geschickte Hobbyhandwerker können das selbst beheben. Die entsprechenden Lämpchen haben einen Stecksockel, müssen also nicht gelötet werden. Es gibt sie in klarer und mattierter Ausführung, letztere entwickelt weniger Hitze, weshalb sie im Bereich der Lüftungsstellräder empfohlen wird. Es handelt sich um 0,4-Watt-Lämpchen, die es auch im freien Handel gibt. Weitere potenzielle Fehlerquellen stecken im Kombihebel für Blinker, Fernlicht und Wischerfunktion.

Hin und wieder fährt die automatische Radioantenne nicht mehr aus. Oder nicht mehr ein. Das ist lästig, aber kein wirkliches Problem. Das Originalersatzteil des Erstausstatters Hirschmann (Modell: Auta 6000) ist nach wie vor verfügbar, mit Preisen um 200 Euro (ohne Montage) allerdings nicht ganz billig.

Technik

Steht das Auto noch auf der Hebebühne? Gut! So können Sie sich, bevor Sie es wieder herablassen, noch das Reifenprofil und das Alter der Reifen, den Zustand der Hardyscheiben (Risse?) und der Gelenkwelle sowie den von Bremsscheiben und -belägen ansehen. Soweit alles in Ordnung? Dann kann die Fuhre wieder auf den Boden.

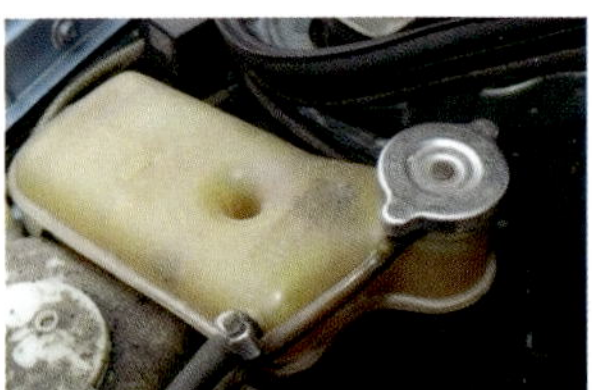

Stetiger Kühlwasserverlust kann auch an einer ausgetrockneten oder defekten Dichtung des Ausgleichsbehälterdeckels liegen. Ersatz kostet keine 10 Euro. Generell sollte das Kühlmittel keine Ölschlieren aufweisen und das Motoröl keine Spuren von Wasser (Kopfdichtung!). Selten sieht ein über 30 Jahre altes Aggregat so sauber aus wie dieses (r.).

Öffnen Sie die Motorhaube und prüfen Sie das Kühlwasser und den Deckel des Öleinfüllstutzens: Befinden sich ölige Schlieren im Wasserbehälter, riecht es daraus ölig oder verbrannt? Ist der Öldeckel an seiner Unterseite schaumig oder hat er weißliche Spuren? Können Sie eine der Fragen bejahen, hat sich mit Sicherheit die Zylinderkopfdichtung verabschiedet oder steht kurz vor dem Kollaps.

Soweit sichtbar, sollte man das gesamte Kühlsystem nach Undichtigkeiten absuchen. Helle

Verdächtig: Die weißen Spuren an diesem Kühlmittelschlauch weisen darauf hin, dass hier Kühlmittel ausgetreten ist. Ob die Spuren frisch sind oder bereits älter, lässt sich kaum feststellen.

Flecken an Schlauchverbindungen, Schläuchen oder am Kühler selbst können Spuren ausgetretenen Kühlmittels sein. Riecht es im Motorraum stark nach Benzin, können Kraftstoffleitungen leck sein.

Natürlich sind vollkommen ölverschmierte Aggregate nicht unbedingt ein gutes Zeichen – eine blitzblanke 300.000-Kilometer-Maschine aber unter Umständen auch nicht. Wenn der Motor nach Arbeit aussieht, aber nirgendwo nässt, ist in der Regel alles gesund. Nun empfiehlt es sich, das Aggregat anzuwerfen und ihm bei der Arbeit zuzuhören – und zwar im kalten und nach einer Probefahrt noch einmal im warmen Zustand. Läuft es harmonisch und ohne auffällige Klapper- und Klackergeräusche? Schleift etwas? „Sägt" die Maschine im Leerlauf? Sollte der Keilriementrieb Geräusche von sich geben, ist das unverdächtig und schnell zu beheben. Beim Motortyp M 102 gehen gern mal Wasserpumpen kaputt, und vereinzelt wird von Problemen mit eingelaufenen Nockenwellen berichtet. Mangelhafte Leistungsabgabe oder ein generell zähes Beschleunigungsverhalten können Indizien dafür sein.

Dieser rote Diesel steht bei einem Händler zum Verkauf, der eine Motorwäsche durchgeführt hat. Er kann das schlicht gut gemeint haben oder aber einen Mangel (etwa Öl- oder Wasserverluste) verdecken wollen. Nach einer ausgiebigen Probefahrt sollte man sich den Motor erneut ansehen.

Während der Probefahrt gilt: Ohren spitzen! Wummern die Räder oder summt es vernehmlich bei Kurvenfahrt? Entweder verkündet ein Radlager sein baldiges Ableben, die Achsgeometrie ist verstellt oder die Räder haben eine Unwucht. Nichts, was man nicht beheben könnte. Aber: Lange warten sollte man damit nicht. Die Schaltvorgänge des Automatikgetriebes sollten sanft erfolgen und die Schaltpunkte exakt eingehalten werden.

Für viele Fans die Traumkombination: Daimler mit Automatik. Die manuellen Gangboxen werden häufig schlechter geredet als sie sind.

Haben Sie das Gefühl, dass der Wandler der Automatik auffällig lange braucht, um die nächste Fahrstufe einzulegen, stimmt in der Regel etwas nicht. Dabei muss es sich nicht unbedingt um einen kapitalen Getriebeschaden handeln! Mitunter sind schlicht ein Wechsel des Getriebeöls und das Reinigen der Filtersiebe überfällig. Auch, wenn Werkstätten gerne erzählen, dass dies nicht nötig sei: Doch, ist es. Der Wagen fährt danach garantiert komfortabler.

Die manuellen Gangboxen werden verbreitet als recht „knochig" und/oder unpräzise beschrieben. Innerhalb der Serienstreuung gab und gibt es indes Schaltgetriebe, die sich erstaunlich knackig führen lassen. Und: Sie gelten als anspruchslos und sehr langlebig.

Zu guter Letzt prüfen Sie noch das Lenkspiel. Bei einem betagten Mercedes ist es in Maßen normal, dass es sich vergrößert. Übermäßig ausgeleiert wirken sollte die Lenkung aber nicht.

Fazit

Vermutlich haben Sie für all diese Punkte doch länger gebraucht als 15 Minuten. Aber es handelt sich um gut investierte Zeit, die im Zweifel bares Geld spart.

8 Problemstellen

Einige der neuralgischen Punkte, die für die Zustands-Beurteilung entscheidend sind, wurden bereits im vorangehenden Kapitel erwähnt. Hier sind die wichtigsten Problemstellen noch einmal zusammengefasst.

An dieser Wagenheberaufnahme wurde erkennbar geschweißt, solche Arbeiten sehen TÜV-Prüfer kritisch.

Karosserie allgemein

Gibt es Hinweise auf Unfallschäden? Farbunterschiede, schiefe Spaltmaße? Rost an und um die Wagenheberaufnahmen herum schwächt die Karosseriestruktur, da in den meisten Fällen bereits die Schweller befallen sind. Auch die dem Spritzwasser ständig ausgesetzten Kotflügelkanten können, besonders häufig hinten, Blasen werfen. Rost droht auch am Antennenfuß. Beim Blick in den Motorraum unbedingt das Blech unter der Batterie kontrollieren. Hin und wieder zeigen Türunterkanten und Falze der Hauben an Front und Heck Rost. Zudem sollten die Scheibenrahmen vorn und hinten begutachtet werden, ein Drücktest auf Zierleisten und Scheibenrändern erweist, ob es bereits knirscht.

Front

Gibt es Steinschlagschäden auf Motorhaube, Frontmaske, Kühlergrill? Ist der Kühlergrill beschädigt? Sind Kunststofflamellen gebrochen? Fährt die Lasche zum Öffnen der Haube problemlos heraus? Ist der Stern vorhanden, sitzt er schief? Wie sehen Reflektoren und Streuscheiben der Scheinwerfer aus? Ruheposition des Einarm-Scheibenwischers überprüfen: Er sollte ganz links am unteren Rand der Windschutzscheibe liegen.

Mitunter kommt es vor, dass die Lasche zum Öffnen der Motorhaube (l.) nicht zwischen den Lamellen hervorspringt, dann hat sich vermutlich der Seilzug verklemmt. Kühlersterne sind tatsächlich immer noch häufig Vandalismusopfer, inzwischen gibt es abnehmbaren Ersatz mit Magnetfuß.
So (r.) liegt der Einarmwischer in der korrekten Ruheposition.

Heck

Unterkante der Heckklappe und den Bereich um Griff, Kennzeichenleuchten und Schloss auf Rost kontrollieren. Funktionieren die Kennzeichenleuchten? Befindet sich das Warndreieck in seiner Halterung, und ist die Halterung selbst intakt? Ist der Kofferraum feucht oder riecht er muffig? Werfen Sie auch einen Blick in die beiden tiefen Seitenfächer und benutzen Sie ein trockenes Saugtuch, um dort nach Feuchtigkeit zu fahnden. Teppich am Gepäckabteil anheben und den Zustand der Reserveradmulde kontrollieren: Ist sie verzogen oder finden sich auffallende Schweißnähte am Kofferraumboden? Bei Fahrzeugen mit Anhängerkupplung: Wie sieht der elektrische Anschluss aus?

Aus dieser Perspektive (l.) können Sie gut prüfen, ob Heckklappe und Stoßfänger gerade sitzen oder ob es in der Vergangenheit Rempler gab. Außerdem checken Sie den Zustand der Leuchten, des Warndreiecks und seiner Halterung (Mitte) und des Reserverads (r.).

Schiebedach

Fährt das Schiebedach ruckfrei und ohne auffällige Geräusche vor und zurück? Lässt es sich aufstellen? Schließt es dicht?

Motorraum

Ist der Motor auffallend verdreckt oder zu sauber für seine Laufleistung? Beides ist verdächtig. Ein kleiner Ölfilm rund um den Öleinfüllstutzen ist normal, größere „Kleckereien" indes nicht. Ist das Kühlwasser ölig oder riecht es verbrannt? Ist der Deckel des Öleinfüllstutzens innen schaumig oder weißlich-klebrig? Falls ja, könnte das auf eine verendete Zylinderkopfdichtung schließen lassen. Helle Flecken an Kühlschläuchen und am Kühler selbst können auf Flüssigkeitsverlust hindeuten. In welchem Zustand ist die Motorraumdämmmatte (eventuell Marderschaden)? Sind alle Flüssigkeitsbehälter ausreichend befüllt, dicht und gibt es Nachweise über den jüngsten Wechsel? Gibt es lose Kabel oder Schläuche im Motorraum?

  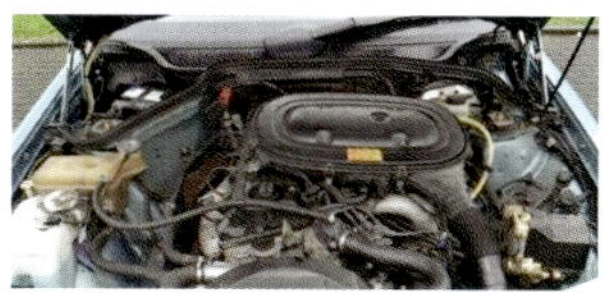

Die meisten Dämmmatten (l.) sehen nach über 20 Jahren zerfleddert aus. Ersatz ist nicht teuer und kann in Eigenleistung angebracht werden (Sprühkleber). Oft vernachlässigt: Macht die Servolenkung einen schwergängigen Eindruck, gehört zunächst deren Ölstand kontrolliert (Mitte). Das Ersetzen des Filtersiebs und Auffüllen des Hydrauliköls (Viskosität beachten!) ist ebenfalls ein Fall für Selbermacher. Dieser Motor (r.) hat 25 Jahre Arbeit hinter sich, zeigt allerdings nirgends Leckagen und einen frischen Wartungszettel. So sollte das sein!

Innenraum

Passt der Zustand des Innenraums zur genannten Laufleistung und zum Baujahr? Ist die türseitige Sitzwange des Fahrersitzes verschlissen? Lenkradkranz „glatt"? Pedale abgetreten, Schaltknauf abgegriffen? Schalter-, Tastersymbole abgewetzt? Beleuchtung der Armaturentafel funktionsfähig? Kontrollleuchten und Sonderfunktionen intakt? Wasserflecken im Innen- oder im Fußraum?

Unterboden

Zustand aller Leitungen (Benzin, Bremsen, Hydraulik) prüfen. Sind die Bremsschläuche porös? Sind Traggelenke, Querlenker, Vorderachsfedern und Achsaufnahmen ohne Befund und die Hinterachslager sowie die Stoßdämpfer intakt? Sind Abnutzung von Bremsscheiben und Belägen sowie Profilbild und Alter der Reifen noch tolerabel? Hardyscheiben und Gelenkwelle prüfen. Zustand der Auspuffanlage und des Katalysators? Genereller Zustand des Unterbodens: Kein auffallend dicker oder frischer Unterbodenschutz (falls doch, warum?).

9 Realistische Bewertung

Vergeben Sie in den entsprechenden Kategorien je nach Zustand die entsprechende Punktzahl (1–4), während Sie den Wagen untersuchen. Dabei bedeutet:

++ (4 Punkte) perfekter Zustand
+ (3 Punkte) nahezu perfekter Zustand
o (2 Punkte) restaurierungs- bzw. reparaturbedürftiger Zustand
– (1 Punkt) schwere Mängel

Die Auswertung der Gesamtpunktzahl wird am Ende des Kapitels erklärt. Seien Sie bei der Beurteilung realistisch und lassen Sie sich nicht von der ersten Euphorie blenden, wenn Sie einem vermeintlichen Top-Auto gegenüberstehen – ein kühler Kopf kauft selten Schrott! Nehmen Sie sich Zeit und untersuchen Sie das Fahrzeug gründlich. Hektik und Nachlässigkeit werden meist mit teuren Reparaturen bestraft! Tipp: Nehmen Sie einen Magneten mit, um Spachtelstellen ausfindig zu machen. Eine Taschenlampe, ein Profiltiefenmesser, ein Schraubendreher und ein kleiner Spiegel sind ebenfalls nützliche Helfer.

Äußerer Zustand/Erster Eindruck

++ + o –
4 3 2 1

Zunächst sollten Sie die Fahrzeugbesichtigung ausschließlich bei trockenem Wetter vornehmen. Nässe und schlechtes Licht verfälschen den optischen Eindruck enorm. Wenn die Sonne scheint – noch besser! Umrunden Sie das Auto langsam und betrachten es aus allen Perspektiven genau. Steht der Wagen gerade oder hängt er an einer Ecke oder Achse auffallend herab? Ist er innen und außen sauber und in originalem Zustand? Riecht der Innenraum unangenehm oder ist er vergilbt und verdreckt? Hören Sie ruhig auf Ihr Bauchgefühl, der erste Eindruck ist oft der Richtige.

Die Besichtigung dieses Fahrzeugs hat bei eigentlich grenzwertigem Wetter stattgefunden, abziehender Novembernebel hatte noch feuchte Spuren auf Lack und Kunststoff hinterlassen. Nicht ideal, um den tatsächlichen Zustand aller Oberflächen zu beurteilen. Dennoch zeigte der erste Rundgang keine gravierenden Schwächen.

Farbkombination/Fehlfarben

++ + o –
4 3 2 1

Farbkombinationen sind bei der Baureihe W 201 so eine Sache, es gab – aus heutiger Sicht – sehr skurrile Variationen. Rosenholzmetallic mit Stoff rot beispielsweise ist an Schwülstigkeit kaum zu übertreffen. Achatgrün mit Stoff beige ist da fast harmlos. Viele dieser heute undenkbaren Kombinationen haben überlebt und rechtfertigen nicht mehr unbedingt einen Preisabschlag. Im Gegenteil: Um die so genannten Fehlfarben – wozu auch Beryll und das recht verbreitete Almandinrot zählen – formiert sich inzwischen eine eigene Fanszene. Es gilt: Wenn Ihnen die Farbe gar nicht gefällt, suchen Sie lieber weiter. Der Markt hält (noch) ausreichende Vielfalt bereit.

Aus heutiger Sicht waren die „Avantgarde"-Sondermodelle „Rosso" (l.) und „Azzurro" (r.) einigermaßen schrill lackiert und ausstaffiert (wie der Inneraum des „Rosso", Mitte), aber Anfang der Neunzigerjahre absolut im Trend. Heute lecken sich Sammler die Finger nach original erhaltenen Exemplaren.

Lack

++ + o –
4 3 2 1

Beim Lack eines mehr oder weniger deutlich über 20 Jahre alten Autos ist bei weitem nicht alles in Ordnung, was noch halbwegs glänzt. Bei der Suche nach Ihrem Traum-201er werden Ihnen schlampig ausgeführte Reparaturen und alte Unfallschäden, nur notdürftig verdeckende „Verkaufsduschen" genauso begegnen wie ordentliche und rostfreie Ersthandfahrzeuge, bei denen noch nie eine Nachlackierung erforderlich war.

Konzentrieren Sie sich bei der Begutachtung des Lacks vor allem auf Blasenbildung an Falzen, Kanten und Karosserieübergängen. Entdecken Sie solche Aufwürfe, gehen Sie davon aus, dass der eigentliche – und deutlich größere – Schaden dahinter verborgen ist.

Je nachdem, an welchen Stellen Sie derartige Blasen entdecken, sollten Sie jemanden hinzuziehen, der sich mit Karosseriereparaturen auskennt und den Aufwand abschätzen kann. Schrammen und kleinere Macken können Sie dagegen unter Schönheitsfehler abhaken und bei Gelegenheit beheben lassen.

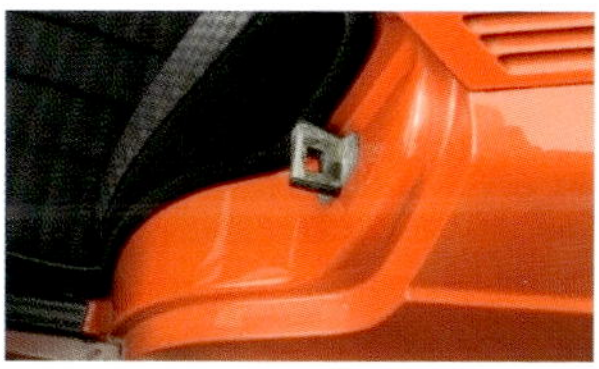

Der Türeinstieg zeigt Unterschiede in der Lackoberfläche, das Fahrzeug wurde im Heckbereich neu lackiert (l.) und insgesamt professionell aufbereitet (M.). Gerade rote Lacke neigen zum Ausbleichen, sie sind sehr pflegeintensiv. Hier (r.) unterwandert Rost die Fensterdichtung, was mit einem Lackpinsel übertüncht wurde. Eine dauerhafte Lösung ist das nicht, die Korrosion wandert darunter weiter.

Karosserie, vor allem Türen und Hauben

++ + o –
4 3 2 1

Betrachten Sie die Karosserie als Ganzes und denken Sie daran: Ungleiche Spaltmaße sowie hängende Türen und Hauben gab es bei der Baureihe W 201 ab Werk nicht! Die Fahrzeuge waren sehr penibel montiert, ihren Ruf als „fahrende Tresore" haben sie nicht von unge-

Ausgeblichene Kunststoffteile wie etwa Türgriffe (l.) oder Stoßfänger (M.) lassen sich mit geeigneten Mitteln auffrischen. Ein so neuwertiger Eindruck frei von Steinschlägen oder Schrammen/Kratzern wie beim beryllfarbenen Fahrzeug rechts ist eher die Ausnahme.

fähr. Schlecht schließende Hauben und Türen sowie schiefe Passungen sollten daher stets Anlass für weitere Nachforschungen sein. Fast immer wird ein früherer Unfallschaden die Ursache sein, was in jedem Fall Grund genug für einen deutlichen Preisnachlass ist.
Bei Fahrzeugen, die viele Jahre im Autobahnbetrieb unterwegs waren, werden Steinschlagspuren rund um die Scheinwerfer und auf der Motorhaube vorhanden sein. Sind sie es nicht, könnte es sein, dass der Wagen neu lackiert wurde. Fragen Sie auch in diesem Fall nach dem Grund. Kratzer rund um Türschlösser und Griffe sind normal.

Ein Blick ins Radhaus offenbart den Zustand von Feder und Stoßdämpfer. Nicht selten brechen die Federn in der ersten Windung.

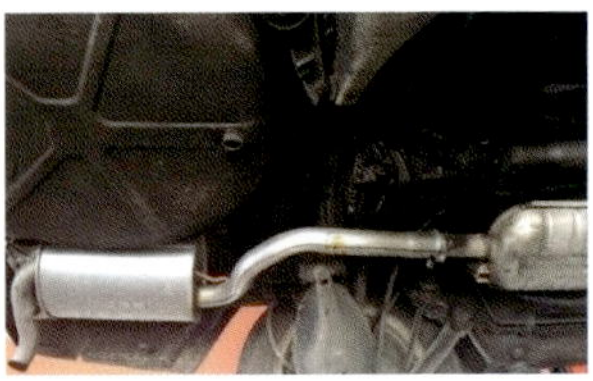

Ebenso kritisch sind marode Hinterachsaufnahmen, sie werden im Zweifel gefährlich! Ein Schaden, den man leider nicht auf Anhieb erkennt.

So sieht eine Wagenheberaufnahme aus, an der es nicht das Geringste auszusetzen gibt.

++ + o –

Unterboden 4 3 2 1

Wenn Ihnen bei der Besichtigung Grube oder Hebebühne zur Verfügung stehen, sollten Sie davon unbedingt Gebrauch machen! Halten Sie Schraubendreher, Taschenlampe und Spiegel bereit. Wo auf den ersten Blick alles prima aussieht, kann der werksseitig sehr dick aufgetragene und ungemein zähe Unterbodenschutz aus PVC Schäden sehr lange verstecken. Fallen Ihnen also am Unterboden irgendwelche Ungereimtheiten auf – das können Bläschen oder Flugrost sein – sollten Sie an dieser Stelle vorsichtig drücken oder mit dem Schraubendreher klopfen. Mit an Sicherheit grenzender Wahrscheinlichkeit hat der Rost dort sein zerstörerisches Werk bereits begonnen und es wird knirschen. Das ist nicht immer ein Todesurteil für das betreffende Fahrzeug, jedoch gibt es einige neuralgische Punkte, an denen Reparaturen sehr aufwändig und damit kostspielig werden können.
Dazu zählen unter anderem Vorder- und Hinterachsaufnahmen. Achtung: Sind dort Schäden vorhanden, ist das Fahrzeug unter Umständen nicht mehr verkehrssicher! In unmittelbarer Nähe finden sich die Wagenheberaufnahmen, die sich bei Fahrzeugen nach der Modellpflege 1988 durch Öffnen der entsprechenden Plastikkappen in der Seitenverkleidung begutachten lassen. Bei Erstserien-Modellen liegen sie frei.
Sollten Rostschäden dort noch nicht allzu weit fortgeschritten sein, lassen sich marode Wagenheberaufnahmen vergleichsweise gut sanieren, es gibt Reparaturbleche. Günstig wird das allerdings nicht. Werfen Sie unbedingt auch einen Blick in alle Radhäuser. Trauen Sie sich eine Beurteilung des Unterbodenzustands alleine nicht zu, sollten Sie zur Besichtigung unbedingt einen Experten mitnehmen
Liegt untenherum etwas im Argen, können Reparaturen schnell den Zeitwert des Objektes übersteigen. Allerdings sollen Ihnen diese Zeilen auch keine Angst einjagen: Kaum ein Fahrzeug rostet an allen genannten Stellen gleichzeitig und gleich schlimm. Aber es ist wichtig zu wissen, worauf man sich einlässt.

++ + o –

Dichtungen 4 3 2 1

Generell sollten Sie sich alle erreichbaren Dichtungen gut ansehen. Das fängt mit der kleinen rund um den Antennenfuß an und reicht bis zu den großen, etwa die um den Koffer-

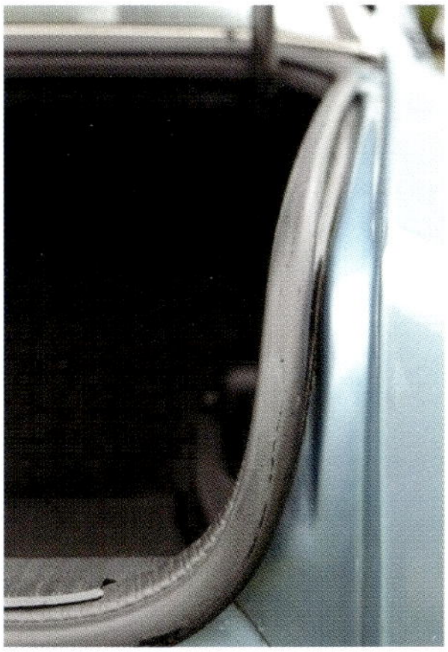

Auch Türdichtungen sollten regelmäßig gepflegt werden. Im Winter angefrorene Türen niemals mit Gewalt aufreißen! An der Zwangsentlüftung in der C-Säule kann man nicht viel tun, ausser sie regelmäßig auf Verschmutzungen zu prüfen und ggf. zu reinigen.

raum. Es ist nie gut, wenn sich Feuchtigkeit im Verborgenen ausbreitet. Öffnen Sie auch im Motorraum alle Flüssigkeitsbehälter und sehen sich deren Dichtungen an.

Silikonspray, Melkfett oder Vaseline hält Dichtungen wie die des Kofferraums geschmeidig und das Ladeabteil trocken.

++ + o –

Kühlsystem [4] [3] [2] [1]

Den Zustand des Kühlers können Sie recht schnell beurteilen. Wenn Sie die Motorhaube öffnen, steht er frei vor Ihnen. In welchem Zustand sind die Lamellen? Sehen Sie auffällige Kühlmittelspuren – meist weißlich – auf den Lamellen oder an den Rändern? Welche Farbe hat das Kühlmittel? Ist es stark dunkel verfärbt? Riecht es ölig oder verbrannt? Ist ausreichend Kühlmittel im Ausgleichsbehälter?

Dieser Kühler ist intakt, alle Lamellen sind unbeschädigt und es sind keine Kühlmittelspuren zu erkennen.

++ + o –

Beleuchtung [4] [3] [2] [1]

Prüfen Sie die Funktion aller Leuchten einschließlich Scheinwerfer, Rückleuchten, Blinker, Brems- und Nebellampen. Oft sind sie bereits undicht, manchmal sind die Streuscheiben gerissen. Auch die Kennzeichenleuchten an der Heckklappe sollten funktionieren, andernfalls notiert das der Prüfer in der Hauptuntersuchung als Mangel.

Defekte an den Beleuchtungseinrichtungen schätzt der TÜV-Prüfer überhaupt nicht! Sie sollten nicht nur funktionieren, sondern auch keine Risse in den Abdeckgläsern, Feuchtigkeit im Scheinwerfer oder blinde Reflektoren aufweisen. Beim W 201 können Abdeckgläser und Dichtungen der Hauptscheinwerfer einzeln getauscht werden. Für geschickte Selbermacher kein Problem.

++ + o –

Scheibenwischer [4] [3] [2] [1]

Abgesehen vom Zustand des Wischergummis (Rissig? Hart?), den man im Zweifel schnell ersetzen kann, ist bei der Baureihe W 201 vor allem die korrekte Funktion des Einarmwischers zu prüfen. Hebt er sich im Betrieb auch in die oberen Ecken der Windschutzscheibe? Findet er seine korrekte Ruheposition oder „zuckt" er, bevor er sich ablegt?

Der Einarm-Hubwischer ist gar nicht so zickig, wie häufig behauptet wird. Hin und wieder ein Spritzer Sprühfett auf seine Mechanik gegeben, garantiert ihm ein langes Leben.

An dieser Stelle faltet sich der Waschwasserschlauch, wenn man die Haube schließt. Mit den Jahren reißt der Schlauch an seiner Knickstelle und wird undicht.

++ + o –

Scheiben-/Scheinwerferwaschanlage 4 3 2 1

Prüfen Sie Zustand und Funktion von Scheiben- und Scheinwerferwaschanlage. Vor allem die kleinen Wischerchen vor den Hauptscheinwerfern (falls vorhanden) werden gern vernachlässigt und zeigen mitunter gar keine Funktion mehr. Ist das Fahrzeug ab Werk mit beheizbaren Waschdüsen ausgerüstet, sollten Sie sich unbedingt die Waschwasserzuleitung vom Behälter zu den Düsen ansehen. Weist sie Knicke oder Risse auf, kann es zu einem Schmorbrand kommen, da die elektrischen Heizleiter durch den gleichen Schlauch laufen. Auch durchgeschmorte Waschdüsen kommen vereinzelt vor. Sie müssen natürlich ersetzt werden.

++ + o –

Schiebedach 4 3 2 1

Die Achillesferse des Daches sind die beiden Hubwinkel, die dafür zuständig sind, es aufzustellen sowie es in Position zu ziehen und zu drücken. Brechen sie, was im Alter häufig der Fall ist, wird eine Reparatur teuer, da sie zeitaufwändig ist (siehe Kapitel 4). Generell sollten aber auch die Laufschienen des Daches sauber sein und regelmäßig gefettet werden. Ebenso sollte man die Wasserabläufe auf Durchgängigkeit prüfen, eine alte Tachowelle leistet dabei wertvolle Hilfe.

Diese Windabweiser gab und gibt es recht häufig. Sie sind nicht unbedingt schön anzusehen, aber praktisch. Die Laufschienen des Schiebedachs (r.) gehören regelmäßig gesäubert und gefettet.

++ + o –

Reifen und Felgen 4 3 2 1

Prüfen Sie zunächst – vor allem, wenn Exemplare aus dem Zubehör montiert sind – ob die Räder für das Modell zugelassen sind. Lassen Sie sich Unterlagen (ABE, TÜV-Eintragung) zeigen. Überprüfen Sie das Alter (DOT-Nummer) und die Profiltiefe sowie das Laufbild der Reifen. Sind sie ungleich abgefahren, kann eine Justierung der Achsgeometrie erforderlich sein. Sehen Sie sich den äußeren Rand der Felgen (Felgenhorn) an. Gibt es Beschädigungen, die von Bordsteinkanten herrühren können? Übrigens haben originale Mercedes-Benz-Leichtmetallfelgen keine eingeschlagene KBA-Nummer!

Nicht jede originale Leichtmetallfelge darf auf jedem Mercedes gefahren werden. Gerade bei den beliebten „Gullydeckel"- oder „Achtloch"-Rädern gibt es diverse unterschiedliche Einpresstiefen (für den W 201 passt ET 44), die es zu beachten gilt. Auf Nummer sicher geht, wer Stahlräder mit Kappen (r.) fährt.

++ + o –

Radlager/Antriebswellen/Traggelenke 4 3 2 1

Liegt dort ein Schaden vor, stellen Sie ihn spätestens auf der Probefahrt fest. Defekte Radlager, Antriebswellen oder Traggelenke machen lautstark auf sich aufmerksam. Mahlende, kreischende Geräusche insbesondere bei Kurvenfahrt kündigen das baldige Ende eines oder mehrerer Radlager an. Traggelenke ächzen und knarzen beim Einfedern des Vorderwagens erbärmlich. Reparaturen sind Routine – Ersatzteile in unterschiedlichsten Qualitätsstufen recht günstig – und kosten kein Vermögen, sollten aber nicht aufgeschoben werden. Ein unruhiger Geradeauslauf – normalerweise vollkommen unüblich – kann darauf hindeuten, dass die aufwändige Raumlenkerhinterachse einer Überholung bedarf, etwa die Zug- und Schubstreben der Radführung erneuert werden müssen. Bei Mercedes-Benz selbst kann das empfindlich teuer werden, der freie Zubehörmarkt hält Komplett-Sets in ordentlicher Qualität bereit.

Bremssättel und -klötze

++ + o –
4 3 2 1

Schlagen Sie zur Sichtprüfung der Bremsanlage die Vorderräder zu beiden Seiten hin ein. So bekommen Sie (relativ) freien Blick auf Bremssättel und Beläge. Sie sollten eine Mindeststärke von 2 bis 3 Millimetern aufweisen, wobei dies dann auch der so genannten Abfahrgrenze entspricht.

Bremsscheiben

++ + o –
4 3 2 1

Einen vernünftigen Eindruck der Bremsscheiben bekommen Sie nur nach Demontage der Räder. Bei der ersten Begutachtung des Wunschfahrzeuges sollten Sie aber zumindest durch die Öffnung der Felgen hindurch abtasten, ob sich die Bremsscheibe riefig oder wellig anfühlt. Fahren Sie mit den Fingerspitzen über den Rand der Bremsscheibe. Je besser Sie einen deutlich hochstehenden Rand ertasten können, desto näher rückt der Austauschtermin für die Scheiben.

Handbremse

++ + o –
4 3 2 1

Der Mercedes W 201 verfügt im Gegensatz zu seinen Markengeschwistern aus jener Zeit über eine konventionelle Handbremse mit Hebelgriff auf der Mittelkonsole. Sie ist häufig Anlass zur Kritik bei der Hauptuntersuchung. Grund: Gerade bei Fahrzeugen mit Automatikgetriebe wird sie schlicht zu selten benutzt. Ein Mangel, der sich leicht beheben lässt: Es gibt sie, also nutzen Sie sie! Dann bleibt alles gut.

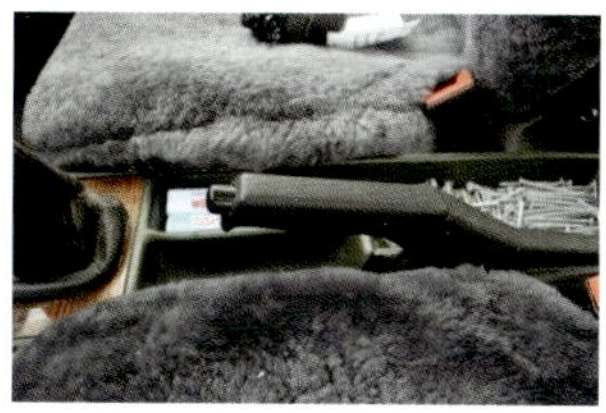

Konventioneller Handbremshebel auf dem Mitteltunnel. Beim Nachfolger W 202 (C-Klasse) verlegte Mercedes-Benz die Feststellbremse wieder in den Fußraum.

Blick in den Motorraum

++ + o –
4 3 2 1

Öffnen Sie die Motorhaube mittels der Plastiklasche, die bei der Entriegelung aus dem Kühlergrill hervorspringt. Prüfen Sie, ob sich alle Komponenten im Originalzustand befinden oder ob Zubehörteile von Drittanbietern (etwa Sportluftfilter) verbaut wurden. Welchen Eindruck macht das Aggregat auf Sie? Gibt es auffällige Verölungen oder weiße Flecken, die auf ausgelaufenes oder übergekochtes Kühlmittel hinweisen? In welchem Zustand ist der

Wenn ein über 30 Jahre altes Aggregat nicht mehr so aussieht wie in einem Neuwagen, sollte Sie das nicht wundern. Gibt es auffallend starke Spuren von Öl oder anderen Betriebsstoffen, muss man der Ursache auf den Grund gehen.

Der Ausgleichsbehälter der Servolenkung verfügt über einen Schraubdeckel (l.), der Ölstand ist schnell überprüft. Die Zündsteuerung befindet sich in Fahrtrichtung links vor dem Sicherungskasten (M.), Kabel und Stecker einer Sichtprüfung zu unterziehen, schadet nicht. Sind alle Flüssigkeiten korrekt drin und nicht zu alt (r.)?

Wenn's nicht funkt, startet es nicht. Zündgeschirr (l.) checken. Wird dem Motor zu heiß, kann es an einem defekten Lüfterschalter (M.) liegen. Darauf achten, ob der Ventilator überhaupt anläuft. Anhand der Produktionsplakette (r.) lassen sich alle relevanten Fahrzeugdaten abgleichen.

Keilriemen? Gibt es auffällige Laufgeräusche (Klappern, Rasseln)? Lassen Sie sich nicht von frisch gesäuberten Aggregaten blenden! Ein betagter Motor darf nach Arbeit aussehen, er sollte allerdings keine Undichtigkeiten aufweisen.

Tankklappe und Kofferraum

++ + o –
4 3 2 1

Die Tankklappe wird über die Zentralverriegelung ver- und entriegelt. Zuweilen kommt es vor, dass sie trotz geöffneter Türen verschlossen bleibt. Dann müssen Sie die Zentralschließung drucklos schalten (über eine Vorrichtung im Kofferraum, die Betriebsanleitung gibt darüber Auskunft) und können die Klappe öffnen. Sehen Sie nach, ob der werksseitig angebrachte Aufkleber mit Informationen zur Kraftstoffqualität und zum Reifenfülldruck vorhanden ist.

Welchen Eindruck macht der Kofferraum? Ist er sauber oder stark verschmutzt? Überprüfen Sie auch Zustand und Vollständigkeit des Bordwerkzeuges und des Verbandkastens, auch

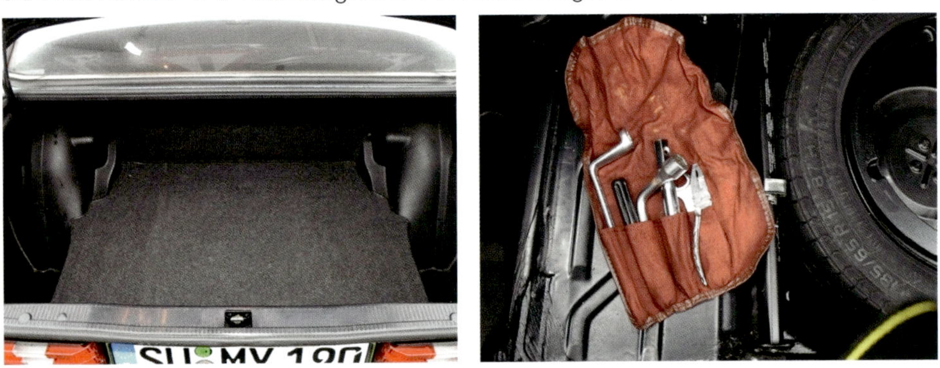

Prüfen Sie, ob der Kofferraum Stockflecken aufweist oder muffig riecht (l.). Hier ist das originale Bordwerkzeug noch vollständig vorhanden (r.) und wurde offenkundig in 25 Jahren nur selten benutzt. Das ist die Ausnahme. Oft fehlt es in Teilen oder komplett.

Ersatzrad und Warndreieck sind einen Blick wert. Halten Sie außerdem Ausschau nach Anzeichen von Wassereinbruch (Flecken).

Die Starterbatterie sollte nicht zu alt sein. Wird das Auto über einen längeren Zeitraum nicht gefahren, empfiehlt sich ein Erhaltungsladegerät.

++ + o –

Batteriezustand 4 3 2 1

Um den Zustand der Batterie zu überprüfen, benötigen Sie ein Multimeter. Im Leerlauf sollte es – an beide Batteriepole angeschlossen – einen Wert zwischen 13,8 und 14,2 Volt Gleichspannung anzeigen, bei abgestelltem Motor etwa 12,4 bis 12,6 Volt. Ist der Anzeigewert bei abgestelltem Motor deutlich niedriger als 12,4 oder gar 12 Volt, sollte die Batterie ausgetauscht werden.

Diese Rückbank ist vermutlich einmal feucht geworden, die Stockflecken sind unschön und schlecht zu entfernen. Wichtig aber: Was war die Ursache für den Wassereinbruch?

++ + o –

Wassereinbrüche 4 3 2 1

Überprüfen Sie den gesamten Innenraum (Teppiche, Sitze) auf Wasserflecken. Fühlen Sie in allen Türtaschen nach Feuchtigkeit und heben Sie im vorderen Fußraum auch einmal den Bodenteppich an. Die „Saugprobe" mit einem Taschentuch kann weiteren Aufschluss geben. Saugt es sich voll oder wird es klamm, besteht Handlungsbedarf.

++ + o –

Innenraum 4 3 2 1

Da ist wieder ein ganzheitlicher Eindruck wichtig. In welchem Zustand befinden sich Sitze, Teppiche, Verkleidungen, Tasten, Knöpfe, Lenkrad, Schalthebel, Dachhimmel? Riecht es muffig? Ist alles original oder vom Vorbesitzer (oder den Vorbesitzern) partiell verändert worden (Lenkrad, Sitze, Audioanlage)? Optionales Leder und MB-Tex (eine Art Kunstleder) können ebenso wie der solide Stoff die Jahrzehnte gar weitgehend unbeschadet überstanden haben. Trocken oder rissig gewordene Tierhaut lässt sich in gewissem Rahmen „revitalisieren" (siehe dazu auch „Praxishandbuch Cockpit & Interieur. Reparieren – Restaurieren – Pflegen, HEEL Verlag 2016). Überprüfen Sie den Verstellme-

Die Türverkleidungen neigen im Alter dazu, sich abzulösen, zu schrumpfen oder hässliche „Wellen" im oberen Bereich zu schlagen. Farbige Interieurs sind davon überdurchschnittlich häufig betroffen (l.). Lammfell ist urig und gemütlich, eventuell sollen damit aber nur beschädigte Sitze verdeckt werden (M.). Fast unbenutzt: Diese Rückbank (r.) hat Neuwagencharakter und ist noch nicht einmal an ihrer Oberkante ausgeblichen.

Wenn das Zündschloss verschlissen ist (l.), hilft nur der Austausch. Schalter, Knöpfe und Regler (M.) gibt es neu und gebraucht. Wenn nur ihre Beleuchtung ausgefallen ist, müssen sie nicht ausgetauscht werden, Lämpchen gibt es im Teilehandel. Der Lichtschalter (r.) ist unauffällig, testen Sie dennoch alle Funktionen.

chanismus der Sitze sowie alle Taster und Schalter auf Funktion. Funktioniert die Innenbeleuchtung und schaltet sie sich auch wieder ab?

++ + o –

Lenkrad und Hupe

4 3 2 1

Macht das Lenkrad einen abgegriffenen, glatten oder speckigen Eindruck? Funktioniert die Hupe?

++ + o –

Lenkstockhebel

4 3 2 1

Den multifunktionalen Lenkstockhebel, der neben dem Blinker auch das Fernlicht, die Scheibenwischer und die Wischwasserfunktion auslöst, sollte man in all seinen Funktionen überprüfen. Ersatz ist teuer.

++ + o –

Instrumente

4 3 2 1

Die Instrumente des W 201 sind nicht für Probleme bekannt. Achten sollten Sie allerdings darauf, ob die Instrumentenbeleuchtung – auch die der Heizungs- und Lüftungsregelung in der Mittelkonsole – funktioniert, die Lämpchen fallen gerne aus. Ersatz ist günstig: Es handelt sich um einfache Stecksockelbirnchen (0,4 W), und der Austausch ist für einigermaßen geschickte Selbermacher kein Problem. Tipp: Besorgen Sie sich beim Vertragshändler oder im Internet das originale MB-Ausziehwerkzeug mit T-Griff (Teilenummer: 140 589 02 33 00)!

Gegen ausgebleichte Zeiger, die ab Werk mit leuchtorangefarbenem Lack gestrichen waren, kann man wenig tun. Es sei denn, man zerlegt das Kombiinstrument und – noch wichtiger – bekommt es hinterher auch wieder zusammen. Dann kann Farbe aus dem Modellbau (RAL 2010 – Signalorange) hilfreich sein.

Die Narbung auf dem Lenkradkranz sollte noch deutlich sicht- und spürbar sein. Bei Lederlenkrädern: Ist die Tierhaut rissig, stumpf oder verschmutzt?

Der Kombihebel bietet mitunter Anlass für Ärger, er sollte alle Funktionen zuverlässig auslösen.

Bleibt das Kombiinstrument dunkel, können geschickte Hobbyschrauber dies selbst beheben. Auf seiner Rückseite befinden sich drei Lampen in Schraubsockeln. Vorsicht beim Ausbau: Zur Sicherheit sollte man die Tachowelle abklemmen!

Warnleuchten

++ + o –
4 3 2 1

Um zu wissen, welche Warnleuchten der W 201 hat, ist es wichtig, über die Ausstattung des jeweiligen Fahrzeuges Bescheid zu wissen! Lesen Sie auch in der Betriebsanleitung nach, was die unterschiedlichen Warnleuchten zu bedeuten haben. Schalten Sie die Zündung ein, ohne den Motor anzulassen, dann leuchten alle relevanten Lampen auf oder sollten es tun.

Die Selbstzünder im W 201 benötigen allesamt die „Rudolf-Diesel-Gedenksekunde“, sie müssen vorglühen. Der Motor sollte erst gestartet werden, nachdem die entsprechende Kontrollleuchte erloschen ist.

Ein Kuriosum bei älteren Mercedes-Benz ist, dass ein Aufflammen der ABS-Kontrollleuchte nicht immer auf einen Fehler des entsprechenden Systems hinweist. Manchmal leuchtet sie auch auf, wenn die Bordspannung zu niedrig ist. Halten Sie an, schalten Sie den Motor aus und wieder ein. Erlischt die ABS-Lampe nach wenigen Augenblicken, ist das Antiblockiersystem selbst in Ordnung. Im Zweifelsfalle ist es natürlich besser, das System kontrollieren zu lassen.

Radaufhängung

++ + o –
4 3 2 1

Die Radaufhängungen gelten als robust. Vorsicht ist geboten, wenn ein Fahrzeug verändert, also etwa tiefergelegt oder mit extrem breiter Bereifung versehen wurde. Wenn Sie den Kauf eines solchen Autos in Erwägung ziehen, sollten Sie die Radaufhängungen in einer Werkstatt überprüfen lassen.

Ersatz für defekte Schalldämpfer ist in verschiedenen Qualitäten zu unterschiedlichen Preisen problemlos verfügbar. Merke: Wer zu billig einkauft, kauft häufiger!

Auspuff

++ + o –
4 3 2 1

Klar: Undichtigkeiten an der Auspuffanlage sieht und hört man. Wurden Veränderungen vorgenommen (Sportauspuffanlage), sollte man sich vergewissern, dass der Umbau eingetragen ist und korrekt vorgenommen wurde. Lassen Sie sich die Unterlagen zeigen.

Ölaustritte

++ + o –
4 3 2 1

Ob ein Auto öldicht ist, kontrollieren Sie am besten nach der Probefahrt. Stellen Sie das betriebswarme Fahrzeug auf ebenem Grund ab und legen Sie für eine Weile ein Stück Pappe unter den Motor. Da sollte nichts tropfen. Ansonsten sehen Sie sich den Motor genau an.

Kühlwasserverlust

++ + o –
4 3 2 1

Schauen Sie vorn unter das Auto, ob Kühlwasser austritt. Helle Flecken an den äußeren Teilen des Kühlsystemes (Schläuche, Schlauchschellen) können auf frühere Undichtigkeiten hinweisen.

++ + o –

Zustand aller Flüssigkeiten

4 3 2 1

Bewerten Sie den Zustand und das Alter aller Flüssigkeiten anhand idealerweise vorliegender Wartungsunterlagen oder entsprechender Zettel im Motorraum. Sollte eines der Betriebsmittel auffallend dunkel sein – mit Ausnahme des Motoröls – gehört es mit Sicherheit ausgetauscht. „Schwarzes" Kühlmittel oder stark verfärbte Bremsflüssigkeit sind nicht normal!

++ + o –

Ölverlust aus der Kraftübertragung

4 3 2 1

Auch Getriebe und Differenzial können undicht werden. Achten Sie nach der Probefahrt auf frische feuchte Stellen.

++ + o –

Probefahrt

4 3 2 1

Eine ausgiebige Probefahrt sollten Sie sich nicht ausreden lassen! Es gibt Händler, aber auch Privatleute („Bei dem ist doch alles in Ordnung" – „Sie dürfen ihn fahren, wenn Sie ihn danach kaufen"), die das mit dubiosen Ausreden verhindern oder Sie unter Zeitdruck setzen wollen. Fahren Sie das Auto möglichst abwechslungsreich durch die Stadt, über eine Landstraße und ein Stück Autobahn. Probieren Sie alle Funktionen aus, schalten Sie das Getriebe durch, bremsen Sie auch einmal stärker. Und vor allem: Setzen Sie auf Ihre Sinne! Hören Sie genau zu, ob Ihnen etwas verdächtig scheint. Riechen Sie, ob etwas ungewöhnlich ist. Schauen Sie auf Anzeigen und Kontrollleuchten. Vertrauen Sie Ihrem „Popometer" – wie liegt der Wagen, wie fühlt er sich an?

Wer es ganz genau wissen will

Ein Vorbesitzer, der von seinem Fahrzeug überzeugt ist, wird sicher nichts dagegen haben, wenn Sie das Auto von einem unabhängigen Gutachter überprüfen lassen wollen. Viele Werkstätten, Automobilclubs und Prüforganisationen bieten einen Gebrauchtwagen-Check an. Natürlich gibt es den nicht kostenlos, und der Verkäufer wird die Kosten kaum übernehmen wollen. Sie sollten sich also relativ sicher sein, dass es sich bei dem besichtigten Exemplar um Ihr nächstes Auto handelt. Unterm Strich ist solch ein professionelles Urteil für beide Seiten ein Gewinn.

Auswertung

Addieren Sie nun alle Punkte

128 Punkte = Hervorragend, dieses Fahrzeug garantiert Wertzuwachs

96 bis 127 Punkte = Gut bis sehr gut, dieses Fahrzeug können Sie bedenkenlos kaufen

64 bis 95 Punkte = Durchschnitt bis gut, aber wo liegen die gefundenen Probleme?

32 bis 63 Punkte = Unterdurchschnittlich bis mittelmäßig. Überlegen Sie sich den Kauf gut.

31 Punkte und weniger = Hier sind einige Investitionen erforderlich. Wenn der Preis besonders günstig ist und Sie handwerkliche Fähigkeiten besitzen, können Sie es wagen. Sonst lieber nicht. Die Totalrestaurierung eines W 201 lohnt (noch) nicht, es gibt genügend gute Exemplare.

10 Auktionen – ein anderer Weg zum Traumwagen

Pro und Kontra

Pro: Die Preise sind im Allgemeinen niedriger als bei Händlern oder privaten Verkäufern und man kann möglicherweise ein echtes Schnäppchen machen. Professionelle Versteigerer haben zumeist alle Formalitäten mit dem Verkäufer erledigt.
Kontra: Man muss allein der Beschreibung im Katalog vertrauen. Die Möglichkeiten zur Überprüfung sind begrenzt, und eine Probefahrt ist nicht möglich. Auktionsmodelle sind oft in einem unterdurchschnittlichen Zustand und verlangen nach zusätzlichen Reparaturen.

Welche Auktion?

Die Veranstaltungen der etablierten Auktionshäuser werden in Automobilmagazinen oder auf den Internetseiten der Unternehmen angekündigt. Der Katalog oder eine einfache Aufstellung der zum Aufruf kommenden Modelle ist erst kurz vor der Auktion erhältlich. Allerdings veröffentlichen die Unternehmen ihre Angebote auch schon früher auf ihren Internetseiten. Nehmen Sie Kontakt mit dem Auktionshaus auf, um die Ausrufpreise zu erfahren. Details der bereits gelaufenen Auktionen sind zumeist im Netz zu erfahren und ein guter Indikator.

Katalog, Eintrittsgelder und Zahlungsmodalitäten

Der Katalog fungiert oftmals auch als Eintrittskarte für zwei Personen während der Besichtigungstage und für die Auktion selbst. Die Angaben in den Katalogen sind zumeist kurz und knapp, enthalten aber in der Regel Angaben über die Zahl der Besitzer, den Kilometerstand und die Wartungsgeschichte des Wagens. Der angegebene Ausrufpreis gibt eine erste Andeutung, in welchen Kategorien man sich bewegt, und gleichzeitig werden im Katalog auch die verschiedenen Zahlungsformen sowie das verlangte Aufgeld angegeben. Zumeist verlangt der Auktionator Barzahlung, es sind aber auch andere Modalitäten wie Zahlung mit Kreditkarte oder mittels eines von der Bank bestätigten Schecks möglich. Kein Fahrzeug wird herausgegeben, bevor nicht alle Zahlungsmodalitäten geklärt sind. Bei Verzögerungen kann der Auktionator Lagergebühren verlangen.

Aufgeld

Bei der Kalkulation darf man unter keinen Umständen das Aufgeld vergessen. Daneben können noch andere Steuern fällig werden.

Besichtigung

Bei den meisten Auktionen ist vorab eine Besichtigung der Wagen möglich. Hilfskräfte des Auktionators sind durchaus bereit, Motor- oder Kofferraumhaube zu öffnen, und sie werden es auch zulassen, dass man den Innenraum besichtigt. Der Motor kann zwar gestartet werden, eine Probefahrt aber ist absolut ausgeschlossen. Man darf den Wagen auch von unten überprüfen, aber mit Sicherheit wird man die Bitte, den Wagen auf eine Bühne zu stellen, ablehnen. Man kann allerdings die wichtigsten Dokumente einsehen.

Bieten

Bevor man sich an einer Auktion beteiligt, sollte man sich unbedingt über sein persönliches

Höchstgebot im Klaren sein und – auch wenn es mitunter schwer fallen mag – dabei bleiben.
Bis das begehrte Auto aufgerufen wird, vergeht meistens einige Zeit, die man nutzen kann, um die anderen Bieter zu beobachten. Ist der anvisierte Wagen an der Reihe, sollte man die Aufmerksamkeit des Auktionators auf sich ziehen, indem man ein frühes Gebot abgibt. Der Auktionator wird dann immer zu Ihnen blicken, um eine Reaktion auf ein Gebot zu bekommen. Zumeist wird in genau definierten Schritten gesteigert, was sich erst ändern kann, wenn die Gebote langsamer kommen. Dann werden auch kleinere Schritte akzeptiert. Wenn man sich aus dem Gebotgefecht verabschieden will, sollte man dies dem Auktionator unmissverständlich signalisieren – ein deutliches Kopfschütteln sollte reichen.
Bei einem erfolgreichen Gebot notiert sich der Auktionator die Nummer Ihrer Karte, und von nun an sind Sie für den Wagen verantwortlich.
Wird der Wagen nicht verkauft, weil er schlicht kein ausreichendes Interesse fand oder unter dem Ausrufpreis blieb, gibt es immer noch die Möglichkeit, mit dem Besitzer – unter Vermittlung des Auktionators – direkt zu verhandeln.

Erfolgreiches Gebot

Bereits im Vorfeld sollte man sich für diesen Fall ein paar Gedanken gemacht haben. Wie wird der Wagen nach Hause transportiert und welche Versicherung wird dafür benötigt? Die Versicherungsfrage sollte man auf jeden Fall bereits vor der Auktion geklärt haben. Ist der Wagen nicht fahrbereit: Kann man ihn auf einem Anhänger transportieren oder muss man die Aufgabe an ein qualifiziertes Unternehmen delegieren? Das Auktionshaus verfügt zudem ebenfalls über entsprechende Adressen.

eBay und andere Internet-Auktionen

Bei eBay und anderen Internet-Auktionshäusern kann man durchaus für einen günstigen Preis an seinen Traum-Klassiker kommen, doch sollte man nicht auf eine vorhergehende gründliche Untersuchung des Wagens vor Ort verzichten. Die meisten Anbieter ermutigen die Interessenten sogar ausdrücklich dazu. Bei eBay wird stets der Standort des Wagens genannt, sodass man sich ein Angebot in erreichbarer Nähe aussuchen kann. Seien Sie darauf vorbereitet, in letzter Minute überboten zu werden. Sie sollten sich darüber im Klaren sein, dass Ihr Gebot bindend ist, es aber andererseits sehr schwer ist, einen betrügerischen Anbieter vor Gericht zur Rechenschaft zu ziehen. Immer wieder kommt es auch zum Verkauf von „Geisterwagen". Daher sollte man sicherstellen, dass der in Frage kommende Wagen tatsächlich existiert, und sich nicht voreilig von seinem Geld trennen.

11 Papiere für eine vollständige Dokumentation

Klassische Automobile oder Sammlerautos werden im Allgemeinen von umfangreichen Papieren begleitet, die beim Verkauf weitergereicht werden. Mittels dieser Dokumentation lässt sich die exakte Geschichte des Wagens nachvollziehen. Außerdem werden so der Umfang von Pflege, Wartungs- und Restaurierungsarbeiten deutlich. Für den neuen Besitzer sind derartige Dokumente außerordentlich wertvoll. Wenn der Verkäufer diese nicht vorweisen kann, sollte man als Interessent misstrauisch werden.

Zulassung

Alle Länder verfügen über ein Registrierungssystem für Automobile. In Deutschland etwa ist das der Kraftfahrzeugbrief und in den USA der so genannte „Pink Slip". Seit einiger Zeit sind Importfahrzeuge aus Japan in Mode, die oft mit überdurchschnittlichem Pflegezustand und üppiger Ausstattung locken. Doch Vorsicht: Ständiger Stop-&-Go-Verkehr in chronisch verstopften japanischen Innenstädten setzt Motoren, Getrieben und Technik mehr zu als es der oft geringe Kilometerstand vermuten lässt. Auch Re-Importe aus den USA sind mit Vorsicht zu genießen. „Inspektion" bedeutet dort oft, dass man gern und häufig frisches Öl nachkippt, aber ansonsten keine Schraube löst.

Aufgrund starker Sonneneinstrahlung ist auch der Lack, zumindest die Klarlackschicht, oft regelrecht „verbrannt". Auch Innenausstattungen können gelitten haben. Grundsätzlich ist es wichtig, dass alle Unterlagen im Original vorliegen und vollständig sind, dass sie sich auf den in Frage kommenden Wagen beziehen und dass alle Details wie Motor- und Fahrgestellnummern korrekt angegeben sind.

Alle früheren Besitzer sind ausschließlich im Kraftfahrzeugbrief aufgeführt. Daher sollte man sich nicht mit dem Kfz-Schein oder der Zulassungsbescheinigung Teil II begnügen, in der ja nur der aktuelle Besitzer und der letzte Vorbesitzer angegeben sind.

Vergleichen Sie alle Angaben im Brief mit dem Typenschild, das im Fahrzeug montiert ist. Besitzt der Wagen eine ausländische Zulassung, sollte man sich vorab bei den entsprechenden Stellen wie dem Zoll informieren, welche Formalitäten bei der Einführung des Wagens zu erledigen sind.

Hauptuntersuchung

Auch angehende Klassiker und Liebhaberfahrzeuge wie der Mercedes W 201 entgehen der Hauptuntersuchung nicht. Bei der Besichtigung spielen die letzten HU-Berichte eine entscheidende Rolle bei der Beurteilung des Objektes der Begierde. Also sollte man sich diese Unterlagen unbedingt zeigen lassen und bei Bedarf darauf bestehen, dass die von den Prüfern verlangten Reparaturen durch entsprechende Rechnungen dokumentiert werden.

Auch wenn der Wagen nicht mehr zugelassen ist, sollte man nicht darauf verzichten. So offenbaren sich mitunter schon vor der ersten genaueren Besichtigung mögliche gravierende Schwachpunkte. Sind diese Unterlagen nicht vorhanden, ist es durchaus möglich, dass der Verkäufer etwas zu verbergen hat.

Anmeldung

Ist das Fahrzeug noch zugelassen, ist die Ummeldung relativ unproblematisch. Wer viel Zeit, Geduld und Lust auf Bürokratie hat, kann selbst zum Straßenverkehrsamt fahren und dort

seinen Wagen ummelden. Dazu benötigt man Kraftfahrzeugbrief und -schein respektive die Zulassungsbescheinigung Teil I und II, elektronische Versicherungsbestätigung (eVB), HU-/AU-Unterlagen, Personalausweis und Bargeld (oder EC-Karte) für die fälligen Gebühren und die neuen Kennzeichen. Hat man sich die Kennzeichen besorgt und montiert, steht der weiteren Fahrt nichts mehr im Weg.
Besitzt der Wagen keine Zulassung mehr, interessiert sich zunächst der TÜV für das Fahrzeug. Je nach Herkunft und Dauer der Abmeldung kann er auf einer Einzelabnahme bestehen, für die eine ausführliche technische Dokumentation erforderlich ist. Ist diese Hürde genommen, begibt man sich zur Zulassungsstelle. Wer Zeit sparen will, kann auch Dienstleister in Anspruch nehmen, die gegen eine Gebühr die Zulassung organisieren.

Bewertung

Mitunter hat der Verkäufer ein Wertgutachten von einer anerkannten Organisation wie Classic Data, DEKRA oder DAT anfertigen lassen, aus dem der Wert – oft unterteilt zwischen Markt- und Wiederbeschaffungswert – des Modells hervorgeht. Im Allgemeinen stellen solche Dokumente allerdings lediglich eine unverbindliche Richtgröße für den tatsächlichen Preis dar. Der Wiederbeschaffungswert interessiert primär die Versicherung.

Service-Historie

Häufig werden die Wagen von ihren (hoffentlich fähigen) Besitzern selbst gewartet. Trotzdem sollte man so viele Details der Service-Historie wie möglich in Erfahrung bringen. Dabei kommt den Bescheinigungen und Rechnungen von Markenhändlern oder Fachbetrieben besonders große Bedeutung zu.
Tatsächlich sind alle Papiere bei der Dokumentation wichtig: Vom ersten Kaufvertrag bis zum Wartungsheft bekommt man so Antworten auf wichtige Fragen zur Geschichte des Fahrzeugs. Besonders ein Katalog des Modells aus dem entsprechenden Baujahr ist eine wichtige Informationsquelle. Die Behauptung des Besitzers, dass der Wagen restauriert worden sei, sollte man sich immer durch die entsprechenden Unterlagen belegen lassen.
Wenn der Verkäufer erklärt, den Service selbst vorgenommen zu haben, sollte man fragen, wann die Arbeiten ausgeführt wurden, und nach entsprechenden Hinweisen suchen. Im besten Fall deckt sich Ihre Einschätzung des Gesamtzustands mit den Angaben des Verkäufers.

Restaurierungs-Fotos

Größere Restaurierungsmaßnahmen werden in der Regel mit einer Vielzahl von Fotos dokumentiert. Die aus verschiedenen Winkeln gemachten Aufnahmen helfen, Umfang und Qualität der Arbeiten einzuschätzen. Wenn Sie den Wagen kaufen, bitten Sie den Verkäufer, Ihnen die Fotos zu überlassen, weil sie ein wichtiger Teil der Geschichte des Fahrzeugs sind. Es ist erstaunlich, wie viele Besitzer bereit sind, sich zwar von ihrem Wagen zu trennen, die Fotos aber als Erinnerungsstücke behalten wollen. In einem solchen Fall kann man sich vermutlich auf Abzüge von den Originalen einigen.

12 Wie viel ist er wert?

Mit Klassikern lässt sich Geld verdienen!

Frühe Exemplare der Baureihe W 201 sind bereits offiziell Oldtimer, spätere sind mindestens als Youngtimer und angehende Klassiker anerkannt, auch über die Mercedes-Fanszene hinaus. Ein Umstand, der viele Freiräume bietet. Und zwar sowohl für Händler wie für Privatverkäufer. Mit dem Label „Klassiker" lässt sich Kasse machen.

Und es stimmt ja auch: Gute und gepflegte Exemplare mit nachvollziehbarer Historie und ohne Wartungsstau werden nicht nur nicht mehr günstiger, sondern steigern langsam aber stetig ihren Marktwert. Topgepflegte 16-Ventiler (2.3-16) können durchaus 20.000 Euro und mehr kosten, die Evos gar ein Vielfaches.

Grundsätzlich ist der W 201 aber kein Hochpreisklassiker. Ordentlich gepflegte und fahrbereite „Brot-und-Butter"-Benziner gibt es mit etwas Glück ab 2500 Euro, die „Avantgarde"-Sondermodelle („Azzurro", „Rosso", „Verde" – in einigen Ländern auch „Primavera") aus dem Modelljahr 1993 liegen darüber, weil sie vor allem innerhalb der Fanszene sehr beliebt sind und gesucht werden. Der Vollständigkeit halber sollten diese aber mit dem originalen Schlüsseletui und der originalen Bordmappe ausgestattet sein, beides gab es in einem besonderen Design – abgestimmt auf die Polsterung – nur für die Sonderedition.

Relativ sorgenfrei fährt, wer sich etwa einen 190 E 2.0 aus seriösem Vorbesitz mit TÜV für rund 5000 Euro an Land zieht. Damit kann man kaum falsch liegen. Grundsätzlich gilt es, bei der Suche kühlen Kopf zu bewahren und nicht ausschließlich Herz oder Bauch entscheiden zu lassen. Selbst dann nicht, wenn das vermeintliche Traumauto vor Ihnen steht!

Längst ein (teurer) Klassiker: Die 16-Ventiler sind nicht mehr für kleines Geld zu bekommen.

Frugales Frühwerk: W 201 der ersten Serie ohne die seitlichen Schutzplanken sind reif für's H-Kennzeichen oder kurz davor. Das Problem: erst einmal ein gutes Exemplar finden.

Die wollen alle: Die späten „Avantgarde"-Sondermodelle „Rosso" (l.), „Azzurro" (M.) und „Verde" (r.) sind für Fans begehrte Sammlerstücke. Vor allem der grüne „Verde" mit 2,5-Liter-Fünfzylinder-Diesel ist extrem selten.

Vollausstattung gibt es nicht!

Viele Anbieter begründen ihre überzogenen Preisvorstellungen gern mit der Bemerkung, dass es sich bei dem betreffenden Auto um einen raren „Vollausstatter" handelt. Die Wahrheit ist:

Das D-Netz-Autotelefon würde nach Einlegen einer entsprechenden Karte auch heute noch funktionieren und war einst ein sündhaft teures Extra (l.). Weitaus häufiger begegnet man aber den so genannten „Buchhalter"-Varianten (r.), sprich: Autos ohne nennenswerte Komfortausstattung.

Den gibt es nicht! Selbst in einer Zeit, als Mercedes-Benz Ausstattungslinien und -Pakete noch nicht für sich entdeckt hatte und die Erstkunden ihr Auto in der Tat recht individuell bestücken konnten, war es niemals möglich, wirklich alle verfügbaren Optionen, die der Prospekt hergab, in einem einzigen Auto zu vereinen. Manche Sonderausstattungen waren nicht mit allen Motoren kombinierbar oder wurden nicht in allen Baujahren angeboten. Sollte Ihnen also ein Verkäufer das in der Mercedes-Klassikerszene leider nahezu allgegenwärtige Märchen der Vollausstattung auftischen wollen, dürfen Sie das getrost milde lächelnd überhören.

Zustand:

Wichtig ist einzig und allein: Was steht vor Ihnen? Mit Hilfe des Bewertungssystems aus Kapitel 9 können Sie nun beurteilen, in welchem Zustand sich das Kaufobjekt befindet und ob es sich überhaupt lohnt, mit dem Verkäufer in Verhandlungen einzutreten. Sinnvoll ist es zudem, sich zuvor in einschlägigen Internetportalen wie www.mobile.de oder www.autoscout24.de über die aktuelle Marktlage zu informieren und Fachzeitschriften zu konsultieren. Im Falle der Marke Mercedes-Benz lohnt es sich in jedem Fall, Kontakt zur rührigen Clubszene (www.190er-freunde-deutschland.de, www.w201-ev.de, www.mbig.de) aufzunehmen. Auch Nichtmitgliedern gegenüber zeigt man sich dort oft hilfsbereit. In der Regel bekommt man so einen einigermaßen verlässlichen Rahmen dafür, was preislich „geht". Natürlich kann man ein wirklich gut gepflegtes Exemplar, aus erster Rentnerhand und garagenverwöhnt, entsprechend würdigen. Und in der Tat, solche Autos gibt es! Man sollte sich aber darüber im Klaren sein, dass der verlangte Preis nicht nur vom reinen Zustand, sondern auch von der vorhandenen Zusatzausstattung abhängt.

Grundsätzlich gilt: Man findet einfacher ein gepflegtes Exemplar der zweiten Serie (m.), als ein ordentliches Erstserien-Auto. Mit H-Gutachten steigen diese inzwischen wieder im Preis, wenngleich sie bezahlbare Klassiker bleiben.
Die ab Werk bestellbaren Becker-Radios sind nicht nur beliebt, sie waren und sind auch gut. Die Empfangsteile sind jedem modernen Aftermarket-Gerät überlegen. Ist der Code futsch, kann die Niederlassung helfen.

Empfehlenswerte Extras:

Automatikgetriebe
Schiebedach (elektrisch)
originales Radio (Becker)
Metallic-Lack
originale Leichtmetallfelgen

Nicht empfehlenswert:

nicht eingetragene oder nicht serienmäßige Zubehörteile (Tuning)
Anhängerkupplung
Lackierungen in nicht serienmäßigen Farben

Eine Anhängerkupplung rechtfertigt im Allgemeinen einen Preisabschlag, zumal wenn der Heckstoßfänger so dilettantisch zerlöchert wurde wie hier.

Ausnahmen:

So genannte „Fehlfarben" sind Lackierungen, die zwar ab Werk verfügbar waren, aber nur selten geordert wurden. Das ins Türkis changierende Beryll (Farbcode 888), das gar nicht mal so seltene Almandinrot (512) oder etwa Rosenholzmetallic (485) sind solche Farben, die noch vor kurzem einen Preisabschlag rechtfertigen, da sie als schwer verkäuflich galten. Allerdings kann so etwas sehr reizvoll sein. In der Mercedes-Szene gibt es seit geraumer Zeit eine Klientel, die nach derartigen Fahrzeugen gezielt sucht. Da zählt ganz einfach der persönliche Geschmack.

Almandinrot 512 zählt zu den so genannten „Fehlfarben", obwohl die Lackierung nicht unbeliebt war. Aus dieser Perspektive wirkt sie sogar ausgesprochen elegant.

Gewährleistung:

Die Sache mit der Gewährleistung ist bei älteren Fahrzeugen grundsätzlich schwierig. Selbst, wenn Sie bei einem Händler kaufen, der Gewährleistung bieten muss, gibt es doch immer wieder Fälle, in denen sich auch Profis genau darum drücken. Da gibt es dann Kaufverträge mit dubiosen Ausschlussklauseln, die den Händler von jeglicher Haftung freisprechen und das komplette Risiko dem Käufer überantworten. Oft wird dann auch davon gesprochen, dass das Auto eigentlich nur für den Export bestimmt sei. Falls Ihnen bei solchen Äußerungen flau im Magen wird, sollten Sie vom Kauf Abstand nehmen und sich nach einem seriöseren Händler umsehen. Allerdings: Bei einem Privatgeschäft tragen Sie das Risiko stets selbst!

Inspektion vor dem Kauf:

Zweierlei hilft Ihnen, das Risiko zu vermindern: dieses Buch und natürlich die Möglichkeit, die Hilfe unabhängiger Fachleute in Anspruch zu nehmen. Ein Verkäufer, der nichts zu verbergen hat, sollte einer technischen Überprüfung des Kaufkandidaten in einer Werkstatt (es muss nicht unbedingt eine Mercedes-Niederlassung sein) oder durch eine Prüforganisation wie TÜV oder DEKRA zustimmen. Die Kosten müssen Sie selbst übernehmen, was sich aber in der Regel lohnt. Einem skeptischen Verkäufer gegenüber können Sie argumentieren, dass auch er sein eigenes Fahrzeug nach einer professionellen Überprüfung besser einschätzen kann. Eigentlich ist also allen Beteiligten geholfen.

Vertragsabschluss:

Ganz wichtig: Bestehen Sie auf einem schriftlichen Kaufvertrag! Handschlag-Deals können ihren Reiz haben, allerdings nicht unbedingt zwischen einander unbekannten Personen. Verhandeln Sie auf Basis des Ist-Zustandes, der vorliegenden Wartungsunterlagen, der Kilometerleistung und eventuell vorhandener Mängel über den Preis. Berücksichtigen Sie auch die Ausstattung und etwaiges Sonderzubehör.

Sollten relevante Reparaturen oder Wartungsarbeiten absehbar sein, sollten Sie diese Kosten vom Kaufpreis abziehen oder mit dem Verkäufer aushandeln, inwieweit er die Mängel vor dem Verkauf beheben lässt.

Bleiben Sie fair! Bestandteil einer jeden Verhandlung ist es, aufeinander zuzugehen und einen Kurs zu erzielen, mit dem beide Vertragsparteien leben können. Ist das partout nicht möglich, suchen Sie ohnehin besser weiter! Es gibt auf dem Markt (noch) derart viele gute W 201, dass Sie auch woanders in jedem Fall ein ordentliches Exemplar finden werden.

Sohn (l.) und Vater (r.): Die erste C-Klasse des Baumusters W 202 setzte das Erbe des 190ers konsequent fort, hatte aber besonders zu Beginn mit Qualitätsproblemen zu kämpfen, die sich in mitunter wüstem Rostbefall äusserten. Heute ist die aufgrund der eigentümlichen Form der Rücklichter liebevoll „Käseecke" getaufte erste C-Klasse krass unterbewertet.

13 Restaurieren – ja oder nein?

Viele hierzulande ausgemusterte 190er werden noch immer gern nach Afrika exportiert und leben dort ihr zweites Leben. Der Grund liegt in der grundrobusten Konstruktion und der überschaubaren und wartungsfreundlichen Technik.

Natürlich verfügt auch ein W 201 je nach Ausstattung über einige elektronische Komponenten, die zur Wartung und Instandsetzung Fachwissen und geeignete Gerätschaften erfordern. Auf der mechanischen Seite aber kommt im Grunde jeder versierte Handwerker mit lebenserhaltenden Maßnahmen an einem W 201 zurecht.

Trotz ihrer sehr stabilen Struktur sind Zerlegung, Reparatur und Zusammenbau der Karosserie für erfahrene Menschen keine unlösbare Herausforderung, zumal der Markt genügend Ersatzteile – neue wie gebrauchte – bereithält. Dabei muss man nicht unbedingt auf Reproduktionen von zuweilen zweifelhafter Qualität zurückgreifen, das meiste gibt es nach wie vor neu an der Teiletheke der MB-Niederlassung vor Ort.

Sparen lässt sich mit der gut sortierten Auswahl des werkseigenen Gebrauchtteile-Centers (www.mbgtc.de), eine Suche auf gut sortierten Schrottplätzen oder im Internet ist ebenfalls vielversprechend. Aufpassen sollte man bei Fahrzeugen, die bereits erkennbare Reparaturen hinter sich haben und vielleicht nur „über den TÜV geschweißt" wurden. Schlamperei rächt sich immer – wenn nicht früher, dann ganz bestimmt später!

Auch was Elektrik- und Elektronikteile wie Steuergeräte anbetrifft, ist der Gebrauchtmarkt – vorrangig das MBGTC (hier gibt es geprüfte Komponenten mit Garantie) – gut sortiert und bietet in allen Preisklassen Ersatz. Allerdings ist bei allzu billigen Offerten Vorsicht geboten: Die Funktion eines ABS-Steu-

Versagen elektronische Bauelemente wie Regler, Fühler oder Schalter ihren Dienst, ist Ersatz nicht sonderlich teuer. Der freie Teilehandel hält ein riesiges Sortiment bereit.

Viele Dieselmodelle wurden im Rahmen der staatlich geförderten Abwrackprämien-Aktion entsorgt. Heute dürfen sie ohne Abgasreinigung in viele Innenstädte nicht mehr hinein. Aber es gibt Nachrüstlösungen, die sich aufgrund des relativ hohen Aufwandes und der damit verbundenen Kosten nur für sehr gut erhaltene Fahrzeuge lohnen.

ergerätes überprüfen Sie nicht mal eben auf dem Küchentisch, da sollten Sie nur bei vertrauenswürdigen Quellen kaufen!

Fragen und Antworten

Lohnt es sich, ein Auto zu restaurieren, das noch in so großer Zahl auf den Straßen unterwegs ist wie der Mercedes des Baumusters W 201? Eher nicht. Zum einen gibt es in der Tat noch genügend gute Fahrzeuge, so dass sich im Zweifel die Suche nach dem besseren Auto eher auszahlt als viel Geld in ein marodes Exemplar zu versenken.
Zum anderen ist der W 201 noch nicht in so erlauchten Preisregionen angekommen, dass eine aufwändige Restaurierung unterm Strich dem Werterhalt oder der Wertsteigerung diente.
Für den Moment gilt: In den meisten Fällen wird sich die Kernsanierung eines W 201 – zumal eine von einer Fachwerkstatt ausgeführte – in einer finanziellen Region bewegen, die mindestens einem wirtschaftlichen Totalschaden gleichzusetzen ist. Wenn es sich bei dem betreffenden Fahrzeug also nicht um eine sehr seltene Variante handelt oder eventuell eine persönliche Geschichte damit verbunden ist („Das ist der Benz vom Opa, den will ich unbedingt erhalten!"), sollte man von einer Komplettrestaurierung aus wirtschaftlichen Gründen absehen.

14 Lackprobleme

Lackprobleme entstehen zumeist aufgrund unzureichender Vorarbeiten für eine Neulackierung oder Ausbesserung. Einige der folgenden Probleme werden Sie bei der Klassiker-Suche häufiger antreffen.

Orangenhaut

Die ungleichmäßige Lackoberfläche erinnert an die Schale einer Orange. Das Problem entsteht, wenn der Lack zu wenig verdünnt wurde (häufig auch in Kombination mit einem zu großen Sprühabstand). Auch extreme Temperaturunterschiede zwischen der Umgebung und der zu lackierenden Oberfläche fördern die Bildung einer Orangenhaut. Dieser Effekt lässt sich in leichteren Fällen mit einer entsprechenden Politur oder sehr feinem Schleifpapier beseitigen. Je nach Ausmaß dieses Lackierfehlers ist eine Neulackierung empfehlenswert. Hier hilft auf jeden Fall die Begutachtung durch einen Experten.

Mit viel Fleiß kann man diese Orangenhaut wegbekommen.

Risse

Risse im Lack können vor allem durch zu viel Spachtelmasse entstehen. Wird dem Lack zu viel Härter beigemischt oder besteht eine Unverträglichkeit zwischen der neu aufgetragenen Farbsorte und der bereits vorhandenen Lackierung, kann es ebenfalls zu diesen Erscheinungen kommen. Bei einer umfassenden Restaurierung sollte man vor der Neulackierung sämtliche Lackschichten entfernen, um dieses Problem sicher auszuschließen.

Diese Risse sind vermutlich durch übermäßige Belastung entstanden.

Haarrisse

Wenn sich feine Haarrisse über die Lackoberfläche verteilen, liegt häufig eine Unverträglichkeit des Lacks mit der verwendeten Grundierung vor. In diesem Fall muss man sich Gedanken über eine Neulackierung machen.

Blasen

Korrosion unter der Lackierung verursacht unweigerlich Blasen. Werden sie erst einmal richtig sichtbar, ist der Schaden an den Blechen vermutlich ziemlich groß. Vor einer Neulackierung muss in diesen Fällen zunächst das betroffene Blech repariert werden.

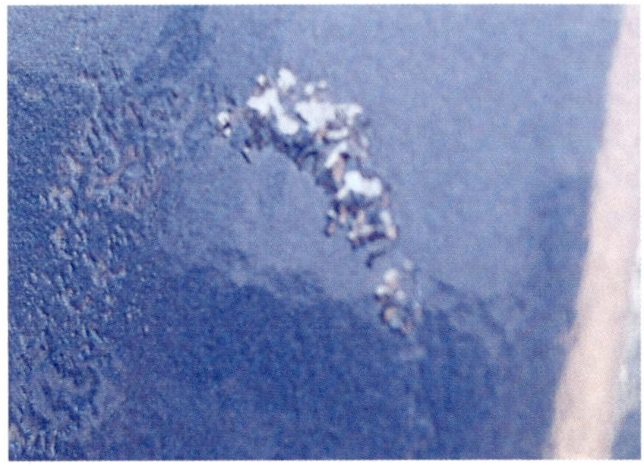

Vorsicht vor Lackblasen: Darunter kann sich ein größeres Rostloch verbergen.

Mikroblasen

Diese Blasen lassen auf eine preiswerte Lackierung schließen, bei der die Oberfläche nicht gründlich trocknen konnte. Am besten holt man sich Rat bei einem Spezialisten, doch wird man häufig in dem betroffenen Bereich die alte Lackierung vollständig entfernen müssen. Als Ursache für die Blasen kommen aber auch Fahrzeugabdeckungen in Frage, die nicht „atmen".

Verblassen

Einige Farben, vor allem Rot, neigen dazu, bei starker Sonneneinstrahlung und ohne Schutz durch entsprechende Politur zu verblassen. Wenn eine Behandlung mit einem Lackreiniger nicht ausreicht, kommt man um eine Neulackierung nicht herum.

Abblättern

Vor allem bei Metallic-Lackierungen kann es vorkommen, dass der Klarlack abblättert. Schlecht aufgetragener Einschicht-Lack zeigt ebenfalls diese Erscheinung. Konsequenterweise muss das Fahrzeug auch in diesen Fällen neu lackiert werden.

Einschlüsse

Wenn bei den Vorbereitungen zum Lackieren und beim eigentlichen Lackiervorgang nicht auf Sauberkeit geachtet wurde, kommt es zu Staub- und Schmutzeinschlüssen, die sich nicht ohne weiteres entfernen lassen. Hier hilft nur eine vollständige Neulackierung.

Beulen

Kleinere Beulen lassen sich leicht vom „Beulen-Doktor" (Adressen im Internet) sanft und meistens ohne Folgen für den Lack aus dem Blech ziehen, sofern die Lackoberfläche noch intakt ist. Auf jeden Fall sollte man berücksichtigen, dass bei vielen Oldtimern dickere Bleche verwendet wurden als bei heutigen Fahrzeugen und sich dadurch die Arbeit des Beulen-Doktors manchmal schwieriger – und somit teurer als angenommen – gestalten kann.

15 Konditionsprobleme

Mitunter zittert die Tachonadel im unteren Drittel, beruhigt sich aber dann wieder. Möglicherweise wurde die Tachowelle einmal ausgebaut und unsachgemäß wieder montiert.

Der beste Mercedes ist ein Mercedes, der regelmäßig bewegt und gewartet wird. Auch, wenn das taschentuchgepflegte Garagenauto aus erster Rentnerhand mit 60.000 nachweisbaren Kilometern noch so reizvoll ist – es muss nicht das bessere Angebot sein! Spätestens, wenn Sie ein solches Fahrzeug regelmäßig benutzen wollen, können Standschäden teure Reparaturen nach sich ziehen. In der Szene werden Autos mit Laufleistungen zwischen 100.000 und 200.000 Kilometern (und darüber, was gerade für die Diesel überhaupt kein Problem darstellt) ohne Wartungsstau als „Fahr"-Zeuge tatsächlich bevorzugt. Wohlgemerkt: Zum Fahren! Wenn Sie einen W 201 ausschließlich als Schönwetter- und Sonntagsauto nutzen und ihn nicht dem Alltag aussetzen wollen, können Sie natürlich auch ein Kilometerbaby in Betracht ziehen.

Rost

Autos, die in ihrem Leben kaum etwas von der Straße gesehen haben, leiden selten unter Rost an der Karosserie. Meistens durften sie die Tage und Nächte ja in trockenen Garagen verbringen. Die braune Pest nagt da eher im Verborgenen und bevorzugt an der Technik. Etwa an der Bremsanlage, wo Kolben, Zangen und Zylinder befallen sein können oder Bremsbeläge an Bremsscheiben festgebacken sein können. Gern rostet auch die Mechanik der Feststellbremse fest. Mitunter so sehr, dass man das Auto gar nicht mehr von der Stelle bekommt. So ein Auto sollte man am besten gar nicht bewegen, bis das Problem im Wortsinn gelöst ist.

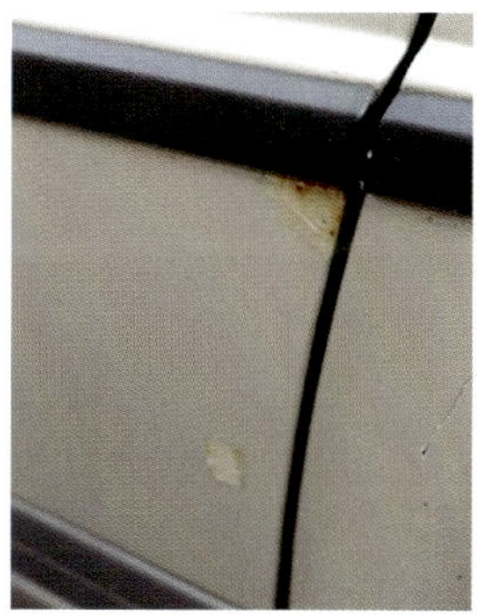

Noch sieht der Rostbefall an der Tür relativ harmlos aus, es kann aber sein, dass es im Innern wesentlich schlimmer ist.

Flüssigkeiten

Alte Flüssigkeiten gehören erneuert, bevor Sie ein Fahrzeug, das lange gestanden hat, wieder in Betrieb nehmen. Altes Öl kann Dichtungen angreifen und Lager zersetzen. Bestimmte Bestandteile von Kraftstoff und Bremsflüssigkeit sind „hygroskopisch", ziehen also Wasser an, was zu Rostbildung im Kraftstoffkreislauf und im Bremssystem führen kann. Hat etwa die Bremsflüssigkeit bereits zu viel Wasser aufgenommen, kann dies bei heißgefahrener Bremse zu Dampfblasenbildung im System führen. Schlimmstenfalls versagt die Bremse! Verfügt das Auto über eine Klimaanlage, sollten Sie diese nach langer Standzeit ebenfalls überprüfen lassen. Das Kühlmittel ist hochgradig flüchtig, zum Schmieren des Klimakompressors aber lebensnotwendig. Eine leere Anlage sollten Sie niemals einschalten!

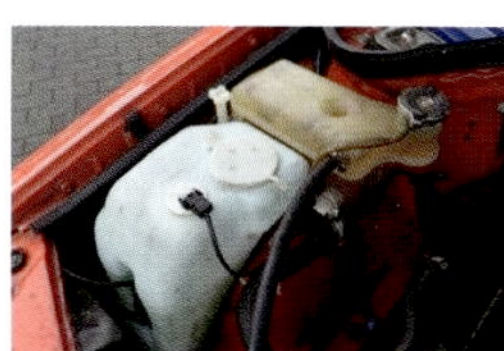

Betriebsflüssigkeiten sollten niemals auffällig dunkel verfärbt und im Idealfall korrekt aufgefüllt sein.

Reifen

Es ist ein weit verbreiteter Irrglaube, dass man mit Reifen, deren Profil „noch gut" aussieht, sorgenfrei fahren kann. Nach fünf bis sieben Jahren können die in der Gummimischung der Reifen enthaltenen Weichmacher so weit entwichen sein, dass der Pneu spröde und rissig wird. Das kann lebensgefährlich sein!
Achten Sie beim Kauf des Fahrzeugs auf die in die Reifenflanke eingeprägte DOT-Nummer. Sie gibt Produktionswoche und -jahr an. Hat das Auto längere Zeit gestanden, können sich so genannte Standplatten gebildet haben. Diese machen sich beim Fahren durch deutliche Vibrationen bemerkbar, können allerdings auch wieder verschwinden. Tun sie das nicht, sollte man die Bereifung in einer Fachwerkstatt prüfen und notfalls austauschen lassen.

An der Reifenflanke finden Sie die vierstellige DOT-Nummer, die Auskunft über das Produktionsdatum des Reifens gibt.

Stoßdämpfer

Stoßdämpfern sieht man einen Standschaden in der Regel kaum an. Es sei denn, man hat die Gelegenheit, das Fahrzeug auf einer Hebebühne von unten zu betrachten. Sind die Dämpfer verdächtig feucht, tritt bereits Öl aus. Der Grund: Die Dichtungen im Inneren der Dämpfer altern und werden brüchig. Solche Exemplare sollten umgehend getauscht werden. Übrigens ist der gute alte „Wackeltest" (das Fahrzeug an allen vier Ecken kräftig herunterdrücken) höchstens ein Anhaltspunkt für den Zustand des Fahrwerks, keine sichere Diagnose. Wippt das Auto beim Ausfedern allerdings deutlich sichtbar nach, besteht Handlungsbedarf.
Besondere Vorsicht ist geboten, wenn das Besichtigungsobjekt vom Vorbesitzer mit einem Sportfahrwerk nachgerüstet wurde. Dies ist dann oft derart hart, dass da nichts mehr wippt. Ein solches Fahrzeug sollte generell von einem Fachmann untersucht werden.

Stoßdämpfer und Federn sind Verschleißteile, die irgendwann getauscht werden müssen. Einen Federbruch, meist in der ersten Windung, erkennt der Laie kaum. Für den TÜV ist dies ein erheblicher Mangel.

Gummi- und Kunststoffteile

Nach mehr als zwanzig Jahren können die Weichmacher aus allen möglichen Gummidichtungen entwichen und diese ausgehärtet sein. Auch regelmäßige Pflege mit entsprechenden Mitteln wie Stiften und Sprays verzögert den Prozess nur. Schlimmstenfalls schrumpfen etwa Fensterschachtabdichtungen so zusammen, dass Wasser von oben in die Türen laufen kann. Eine ausführliche Kontrolle aller Dichtungen (Fenster, Türen) sollte selbstverständlich sein.
Eher kosmetischer Natur sind ausgeblichene Stoßfänger, Rammschutzleisten und Spiegelkappen. Mit der Zeit werden unlackierte Kunststoffteile grau und unansehnlich. Da kann man allerdings mit guten Pflegemitteln

Ausgeblichene Kunststoffteile sind Schönheitsfehler. Profis bekommen diesen ergrauten Türgriff wieder hin.

gegensteuern. Wer sich das selbst nicht zutraut, sollte sich an einen professionellen Fahrzeug-Aufbereiter wenden. Man glaubt kaum, was Fachleute auch aus offenbar verlebten Autos herausholen (das betrifft auch den Lack!). Eine anständige Aufbereitung muss auch nicht allzu teuer sein.

Schiebedach

Ist das Fahrzeug mit einem Schiebedach ausgerüstet, prüfen Sie, ob es sich aufstellen und komplett öffnen lässt. Dabei sollte es ruckfrei und weitgehend geräuschlos auf- und zu fahren. Die so genannten „Hubwinkel" sind seine Achillesferse: Brechen sie, kann sich das Dach schlimmstenfalls verklemmen. Mit rund 700 Euro ist die Reparatur nicht gerade günstig.

Macht das Dach verdächtige Geräusche, fehlt es mit Sicherheit an Schmierung oder es steht eine baldige Reparatur ins Haus.

Elektrik

Der größte Feind der Elektrik heißt übrigens ebenfalls Oxidation. Sie befällt Steckverbindungen und Kontakte, was gern zu Fehlfunktionen und Totalausfällen ganzer Baugruppen führt. Hat ein Auto lange gestanden, sollte man alle wichtigen Funktionen durchtesten. Kommt es zu Fehlern, muss man nicht gleich das „ganz große Besteck" herausholen. In vielen Fällen wirken ein Sprühstoß mit Kontaktspray und der Einsatz von feinem Schleifpapier an Steckverbindungen Wunder.
Auch Sicherungen können den Dienst quittieren und sind in Sekunden ausgetauscht. Generell tun Sie Ihrem Auto Gutes, wenn Sie die Batterie bei absehbar längerer Standzeit an ein „Erhaltungsladegerät" – auch bekannt als „Akku-Jogger" – anschließen. Es simuliert die Ent- und Aufladevorgänge des Alltagsbetriebs und hält so den Akku frisch.

Ausstattungsbedingt gab es diverse Starterbatterien im W 201, die sich in ihrer Stromlieferfähigkeit unterschieden. Es bringt nichts, einen «dicken» Dieselakku in einem Benziner zu montieren. Informieren Sie sich in der Bedienungsanleitung.

Die Auspuffanlage gehört ebenfalls zu den typischen Verschleißteilen und ist irgendwann fällig. Der freie Zubehörmarkt bietet eine riesige Auswahl von sehr günstig bis Erstausrüsterqualität.

Auspuffanlage

Es ist fast ein Naturgesetz, nicht nur beim Mercedes W 201: Wenn Sie ein Auto kaufen, das monate- oder jahrelang nicht bewegt wurde, ist oft nach wenigen Wochen Betrieb die Auspuffanlage „fertig". Auch, wenn sie optisch noch intakt aussieht, hat das in den Abgasen enthaltene Wasser im Inneren der Schalldämpfer und Rohre Rost entstehen lassen. Sie faulen von innen nach außen.

16 Wichtige Adressen und Ansprechpartner

Bei allem, was einem betagten Mercedes-Benz fehlt oder eventuell fehlen könnte, können sich seine Eigentümer ziemlich entspannt zurücklehnen. Die hervorragende Unterstützung seitens des Werks, aber auch die der exzellent organisierten Clubszene und eine große Auswahl an freien Teilehändlern und spezialisierten Fachbetrieben machen Wartung, Instandhaltung und Unterhalt des Sternenkreuzers ziemlich einfach.

Als die Produktion des W 201 (l.) anlief, neigte sich der Lebenszyklus des W 123 (r.) dem Ende zu. Die veränderte Formensprache weg vom barocken Chromschmuck der Siebzigerjahre ist hier deutlich zu erkennen.

Clubs:

190er-Freunde Deutschland e.V.
Hedemündener Straße 1
34346 Hann. Münden
www.190er-freunde-deutschland.de

Mercedes-Benz IG (MBIG) e.V.
Im Hang 16
52428 Jülich
www.mbig.de

W 201 e.V.
Kontakt über den 1. Vorsitzenden
Herbert Schwan unter
herbert.schwan@w201-ev.de
Anschrift auf Anfrage
www.w201-ev.de

Spezialisten, Ersatzteile und Händler:

Mercedes-Benz Gebrauchtteile Center GmbH
www.mbgtc.de
Überwiegend professionell aufgearbeitete Ersatzteile für alle Baureihen. Nicht günstig, dafür mit Werksgarantie.

Mercedes-Benz Classic Service Center Deutschland
www.mercedes-benz-classic.com
Erster Ansprechpartner für alle Fragen rund um klassische Mercedes. Dort gibt es auch Literatur und Fanartikel.

TE Taxiteile GmbH
www.te-taxiteile.com
Ersatzteilgroßhandel für alle Baureihen, die es als Taxi gab und gibt. Ersatzteile in unterschiedlichen Qualitätsstufen (u.a. TE-Taxiteile-Eigenmarke) zum sehr guten Preis-Leistungs-Verhältnis. Attraktive Sonderangebote (TE-Clever-Paket).

Leseberg Automobile GmbH Hamburg
www.leseberg.de/classic-center
Alteingesessener Hamburger Mercedes-Benz-Vertragshändler mit eigener Klassikabteilung.

Autohaus Zittel KG Eschweiler
www.zittel.mercedes-benz.de
Offizieller Mercedes-Benz-Classic Stützpunkt

www.kabelbaumschule.de
Der Anbieter fertigt nach Vorlage (alten Kabelbaum einschicken!) Ersatz für die z.T. nicht mehr lieferbaren originalen Motorkabelbäume klassischer Mercedes-Benz. Zum Einsatz kommen hochtemperaturfeste Silikonkabel, die haltbarer als die Erstausrüstung sein sollen.

www.mercedes-fans.de
Das Online-Magazin mit Stern. Täglich neue Informationen über klassische und neue Mercedes, Forum, Markt und Termine.

www.baureihe201.de
Trotz veralteter Optik sehr umfangreiche und informative private Seite rund um den Baby-Benz.

Literatur zum Thema:

Mercedes-Benz 190 (W 201) – Entwicklung, Modelle, Technik; Jost Neßhöver (Hrsg.), HEEL Verlag Königswinter

Mercedes 190 – Alles über den legendären Baby-Benz; Egbert Schwartz, Theo Gerstl, GeraMond Verlag

Ponton Kurier
Clubmagazin der Mercedes-Benz Interessengemeinschaft Deutschland e.V. (MBIG)

Mercedes-Benz Classic
Offizielles Clubmagazin der Mercedes-Benz AG

Wichtige jährliche Veranstaltungen

Bremen Classics, Bremen
Retro Classics, Stuttgart
Techno-Classica, Essen
Klassikwelt Bodensee Friedrichshafen
Classic Days Schloss Dyck
VETERAMA, Mannheim
Motorshow, Essen

Vielen Dank an:

Michael Handtke, Felix Schilde und Nenad Blagojevic für die freundliche Unterstützung der Fotoarbeiten

Rainer Pantenburg (Mercedes-Benz RKG GmbH, Niederlassung Bonn-Mehlem) für die freundliche Unterstützung bei der Ermittlung von Wartungs- und Reparaturkosten

17 Daten und Fakten

TECHNISCHE DATEN W 201 Vier-, Fünf- und Sechszylindermodelle			
Modell	Typ	190 D	190 D 2.5
	Bauzeit	1983-1988	1984-1988
	Karosserieform	viertürige Limousine	
	Motor	4-Zylinder-Reihenmotor OM 601 (Diesel)	5-Zylinder-Reihenmotor OM 602 (Diesel)
	Hubraum in cm³	1997	2497
	Leistung in PS	72	90
Kraftübertragung	Getriebe (Serie)	4-Gang-Schaltung	5-Gang-Schaltung
	Antrieb	Hinterräder	
Rahmen u. Fahrwerk	Aufbau, Rahmen	selbsttragende Ganzstahlkarosserie	
	Radaufhängung vorn	einzeln an Dreiecksquerlenkern und Dämpferbeinen	
	Radaufhängung hinten	Raumlenkerachse	
	Lenkung	Kugelumlauf-Servolenkung	
Maße und Gewichte	Länge/Breite/Höhe in mm	4420/1678/1390	4420/1678/139
	Leergewicht in kg	1110	1175
Sonstiges	Stückzahl	452.806 (bis 1993)	147.502 (bis 199
	Preis bei Markteinführung	DM 26.938	DM 33.915

190 D 2.5 Turbo	190	190	190 E
1986-1988	1982-1984	1984-1988	1982-1988
5-Zylinder-Reihenmotor OM 602 (Diesel m. Abgasturbolader)	4-Zylinder-Reihenmotor M 102 (Vergaser)	4-Zylinder-Reihenmotor M 102 (Vergaser)	4-Zylinder-Reihenmotor M 102
2497	1997	1997	1997
122	90	105	122
4-Gang-Automatik	4-Gang-Schaltung	4-Gang-Schaltung	4-Gang-Schaltung
4420/1678/1390	4420/1678/1390	4420/1678/1390	4420/1678/1390
1250	1150	1080	1100
20.915 (bis 1993)	35.021	83.540 (bis 1991)	638.180 (bis 1993)
DM 43.719 (ab 1987 in D verfügbar)	DM 25.538	DM 27.417	DM 27.741

TECHNISCHE DATEN W 201 Vier-, Fünf- und Sechszylindermodelle

Modell	Typ	190 E 2.3	190 E 2.3-16
	Bauzeit	1983-1988	1984-1988
	Karosserieform	viertürige Limousine	
	Motor	4-Zylinder-Reihenmotor M 102	4-Zylinder-Reihenmotor M 10
	Hubraum in cm^3	2299	2299
	Leistung in PS	136	185
Kraftübertragung	Getriebe (Serie)	4-Gang-Schaltung	5-Gang-Schaltung
	Antrieb	Hinterräder	
Rahmen u. Fahrwerk	Aufbau, Rahmen	selbsttragende Ganzstahlkarosserie	
	Radaufhängung vorn	einzeln an Dreiecksquerlenkern und Dämpferbeinen	
	Radaufhängung hinten	Raumlenkerachse	
	Lenkung	Kugelumlauf-Servolenkung	
Maße und Gewichte	Länge/Breite/Höhe in mm	4420/1678/1390	4430/1706/136
	Leergewicht in kg	1190	1260
Sonstiges	Stückzahl	186.610 (bis 1993)	19.487
	Preis bei Markteinführung	DM 34.770	DM 52.212

190 D	190 D 2.5	190 D 2.5 Turbo	190
1988-1993	1988-1993	1988-1993	1988-1991
4-Zylinder-Reihenmotor OM 601 (Diesel)	5-Zylinder-Reihenmotor OM 602 (Diesel)	5-Zylinder-Reihenmotor OM 602 (Diesel m. Abgasturbolader)	4-Zylinder-Reihenmotor M 102 (Vergaser)
1997	2497	2497	1996
75	94	126	105
4-Gang-Schaltung	5-Gang-Schaltung	4-Gang-Automatik	4-Gang-Schaltung
4448/1690/1375	4448/1690/1375	4448/1690/1375	4448/1690/1375
1180	1230	1300	1160
DM 33.573	DM 37.962	DM 45.372	DM 33.972

TECHNISCHE DATEN W 201 Vier-, Fünf- und Sechszylindermodelle			
Modell	Typ	190 E 1.8	190 E 2.0
	Bauzeit	1990-1993	1988-1993
	Karosserieform	viertürige Limousine	
	Motor	4-Zylinder-Reihenmotor M 102	4-Zylinder-Reihenmotor M 102
	Hubraum in cm³	1797	1996
	Leistung in PS	109	122
Kraftübertragung	Getriebe (Serie)	4-Gang-Schaltung	4-Gang-Schaltung
	Antrieb	Hinterräder	
Rahmen u. Fahrwerk	Aufbau, Rahmen	selbsttragende Ganzstahlkarosserie	
	Radaufhängung vorn	einzeln an Dreiecksquerlenkern und Dämpferbeinen	
	Radaufhängung hinten	Raumlenkerachse	
	Lenkung	Kugelumlauf-Servolenkung	
Maße und Gewichte	Länge/Breite/Höhe in mm	4448/1690/1375	4448/1690/1375
	Leergewicht in kg	1160	1170
Sonstiges	Stückzahl	173.355	
	Preis bei Markteinführung	DM 33.117	DM 37.107

E 2.3	190 E 2.6	190 E 2.5-16	190 E 2.5-16 Evo I	190 E 2.5-16 Evo II
8-1993	1988-1993	1988-1993	1989	1990
linder- enmotor 02	6-Zylinder- Reihenmotor M 103	4-Zylinder- Reihenmotor M 102	4-Zylinder- Reihenmotor M 102	4-Zylinder- Reihenmotor M 102
8	2597	2498	2463	2463
	160	195	204	235
ang-Schaltung	5-Gang-Schaltung	5-Gang-Schaltung	5-Gang-Schaltung	5-Gang-Schaltung
3/1690/1375	4448/1690/1375	4430/1706/1361	4430/1720/1342	4543/1720/1342
0	1220	1300	1320	1340
		5743	502	502
39.615	DM 47.196	DM 67.944	DM 87.204	DM 115.259

Classic Data
Wenn´s drauf ankommt setzen unsere Sachverständigen ihre rosarote Brille ab.